Fascicule XXIX

MÉMORIAL
DES
SCIENCES MATHÉMATIQUES

PUBLIÉ SOUS LE PATRONAGE DE

L'ACADÉMIE DES SCIENCES DE PARIS,

DES ACADÉMIES DE BELGRADE, BRUXELLES, BUCAREST, COIMBRE, CRACOVIE, KIEW, MADRID, PRAGUE, ROME, STOCKHOLM (FONDATION MITTAG-LEFFLER), ETC.

DE LA SOCIÉTÉ MATHÉMATIQUE DE FRANCE, AVEC LA COLLABORATION DE NOMBREUX SAVANTS.

DIRECTEUR

Henri VILLAT

Correspondant de l'Académie des Sciences de Paris,
Professeur à la Sorbonne,
Directeur du « Journal de Mathématiques pures et appliquées ».

FASCICULE XXIX

Les courbes de l'espace à n dimensions

Par M. C. GUICHARD
Correspondant de l'Institut, Professeur à la Sorbonne.

Préface de M. G. KOENIGS
Membre de l'Institut, Professeur à la Sorbonne.

PARIS
GAUTHIER-VILLARS ET Cie, ÉDITEURS
LIBRAIRES DU BUREAU DES LONGITUDES, DE L'ÉCOLE POLYTECHNIQUE,
Quai des Grands-Augustins, 55.

1928

MÉMORIAL

DES

SCIENCES MATHÉMATIQUES

PARIS. — IMPRIMERIE GAUTHIER-VILLARS ET Cie,
79184 Quai des Grands-Augustins, 55.

MÉMORIAL
DES
SCIENCES MATHÉMATIQUES

PUBLIÉ SOUS LE PATRONAGE DE

L'ACADÉMIE DES SCIENCES DE PARIS

DES ACADÉMIES DE BELGRADE, BRUXELLES, BUCAREST, COÏMBRE, CRACOVIE, KIEW, MADRID, PRAGUE, ROME, STOCKHOLM (FONDATION MITTAG-LEFFLER), ETC., DE LA SOCIÉTÉ MATHÉMATIQUE DE FRANCE, AVEC LA COLLABORATION DE NOMBREUX SAVANTS.

DIRECTEUR :

Henri VILLAT
Correspondant de l'Académie des Sciences de Paris,
Professeur à la Sorbonne,
Directeur du « Journal de Mathématiques pures et appliquées. ».

FASCICULE XXIX

Les courbes de l'espace à n dimensions

PAR M. C. GUICHARD
Correspondant de l'Institut, Professeur à la Sorbonne.

PRÉFACE DE M. G. KOENIGS
Membre de l'Institut, Professeur à la Sorbonne.

PARIS
GAUTHIER-VILLARS ET Cie, ÉDITEURS
LIBRAIRES DU BUREAU DES LONGITUDES, DE L'ÉCOLE POLYTECHNIQUE
Quai des Grands-Augustins, 55.

1928

AVERTISSEMENT

La Bibliographie est placée à la fin du fascicule, immédiatement avant la Table des Matières.

LES

COURBES DE L'ESPACE A n DIMENSIONS

Par M. C. GUICHARD.

PRÉFACE.

Le travail qu'on trouvera dans ces pages a été rédigé d'après les Notes laissées par l'éminent et regretté géomètre Cl. Guichard, concernant le sujet de son cours à la Sorbonne pendant l'année scolaire 1919-1920.

M. Raymond Jacques, professeur à l'Université de Montpellier, et dont on connaît les beaux travaux sur la Géométrie, a bien voulu se charger de mettre au point cette rédaction. Il a manifestement su interpréter avec élégance la pensée du maître disparu, et placer en évidence la grande fécondité des idées directrices de cet ouvrage. Au moyen d'un minimum de calculs, toute sorte de résultats géométriques divers se trouvent ingénieusement rapprochés les uns des autres, le classement des problèmes qui se posent s'opère avec une grande sûreté. Nul doute que la lecture de ce fascicule ne soit fructueuse pour tous ceux qui s'intéressent aux études de géométrie, et qui attachent un prix particulier, non seulement aux faits en eux-mêmes, mais aux idées générales qui constituent la structure même de la Géométrie.

Ce très intéressant opuscule tiendra une place des plus honorables dans la belle Collection de travaux constituée par M. le professeur Henri Villat, qui a déjà su, en tant de circonstances, susciter et soutenir la production mathématique, avec le concours toujours si dévoué de la maison Gauthier-Villars.

G. Koenigs.

CHAPITRE I.

ÉLÉMENTS LINÉAIRES DANS UN ESPACE D'ORDRE n.

Un point est défini dans un espace d'ordre n par un système de n nombres réels ou imaginaires appelés coordonnées. Une figure est définie comme un ensemble de points. On appelle *transformation* toute opération qui, à un point M de coordonnées $\begin{cases} x_1 \\ x_n \end{cases}$, fait correspondre un point N de coordonnées $\begin{cases} y_1 \\ y_n \end{cases}$. Les déplacements sont les transformations définies par les relations

$$y_i = \alpha_i + a_{i1}x_1 + a_{i2}x_2 + \ldots + a_{in}x_n \qquad (i = 1, 2, \ldots, n),$$

les quantités a, α étant des constantes qui sont telles que le déterminant

$$\Delta = \| a_{i1} \quad a_{i2} \quad \ldots \quad a_{in} \|$$

soit un déterminant orthogonal.

Lorsque toutes les quantités a sont nulles, le déplacement est appelé *translation*.

On désigne sous le nom de *propriété métrique* toute propriété d'une figure qui demeure invariante dans un déplacement. Telle est par exemple la distance de deux points, définie par analogie avec l'espace ordinaire par l'égalité

$$\delta^2 = \Sigma(y_i - x_i)^2.$$

Éléments linéaires. — Étant donnés deux points A $\begin{cases} x_1 \\ x_n \end{cases}$, B $\begin{cases} y_1 \\ y_n \end{cases}$, la droite AB est l'ensemble simplement infini de points définis par l'une ou l'autre des égalités

$$z_i = x_i + \lambda(y_i - x_i) \qquad (i = 1, 2, \ldots, n),$$
$$z_i = \alpha x_i + \beta y_i \qquad (\alpha + \beta = 1).$$

Une droite est définie lorsque l'on se donne deux points A et B. L'ensemble de points obtenus est le même si l'on définit la droite à partir de deux points arbitraires de l'ensemble.

Les quantités $p_i = y_i - x_i$ sont appelées les paramètres directeurs. On dit que deux droites sont parallèles si leurs paramètres directeurs sont proportionnels.

Une droite est ordinaire ou isotrope suivant que l'on a

$$\Sigma p_i^2 \neq 0 \quad (=0).$$

Lorsque la droite est ordinaire on peut, sans changer l'ensemble de points, multiplier les paramètres directeurs par un même facteur de manière à avoir

$$\Sigma p_i^2 = 1.$$

Les quantités ainsi définies s'appellent les cosinus directeurs.

L'angle de deux droites est alors défini par l'égalité

$$\cos\varphi = \Sigma \alpha_i \beta_i,$$

où l'on désigne par $\alpha\beta$ les cosinus directeurs des deux droites.

Deux droites seront rectangulaires si l'on a

$$\Sigma \alpha_i \beta_i = 0 \quad \text{ou} \quad \Sigma p_i q_i = 0 \quad (^1).$$

Si l'on considère trois points A, B, C de coordonnées x, y, z non situés en ligne droites, l'ensemble des points dont les coordonnées X sont définies par les égalités

$$X_i = x_i + \lambda(y_i - x_i) + \mu(z_i - x_i) \qquad (i = 1, 2, \ldots, n)$$

ou encore par

$$X_i = \alpha x_i + \beta y_i + \gamma z_i \qquad (\alpha + \beta + \gamma = 1)$$

définit le 1-plan ABC.

Cet ensemble peut être défini à partir de trois points arbitraires non en ligne droite.

Toute droite ayant deux points situés dans le 1-plan y est contenue tout entière.

Trois points A', B', C' tels que les droites A'B', A'C' soient parallèles aux droites AB, AC définissent un 1-plan parallèle au 1-plan ABC. Toute droite du 1-plan A'B'C' est parallèle à une série de droite du 1-plan ABC et inversement.

Nous classerons les 1-plans d'après les directions des droites isotropes qui y sont contenues. Il suffit pour cela d'étudier les direc-

---

(1) On convient d'appeler rectangulaires deux droites ordinaires ou isotropes dont les paramètres directeurs satisfont à la relation $\Sigma p_i q_i = 0$.

tions isotropes d'un 1-plan parallèle O'B'C' qui contient l'origine des coordonnées. Les points de ce 1-plan étant définis par leurs coordonnées

$$x_i = \lambda y_i + \mu z_i.$$

La droite OM qui joint l'origine à un point quelconque M du 1-plan est isotrope si l'on a

$$\overline{OM}^2 = \varphi(\lambda\mu) = \lambda^2 \Sigma y_i^2 + 2\lambda\mu \Sigma y_i z_i + \mu^2 \Sigma z_i^2 = 0.$$

La considération de la forme quadratique $\varphi(\lambda, \mu)$ conduit à trois cas distincts.

I. φ est une somme de deux carrés. Il existe alors deux directions isotropes dans le 1-plan; toutes les autres directions étant ordinaires le 1-plan est dit ordinaire et représenté par la notation O. A une droite OB du 1-plan correspond une droite OC et une seule qui lui soit perpendiculaire et qui soit située dans le 1-plan.

II. φ est un carré parfait. Il existe alors une seule direction isotrope. Si l'on suppose que cette direction est la direction OB', on aura en effet

$$\varphi = \mu^2 \Sigma z_i^2, \qquad \Sigma y_i z_i = 0.$$

Les directions ordinaires du 1-plan sont perpendiculaires à la direction isotrope unique.

Le 1-plan est désigné par la notation $2I^2$.

III. φ est identiquement nul. Toutes les directions sont alors isotropes. On désigne alors le 1-plan par la notation I^2.

Par un déplacement convenable des axes, on peut amener un 1-plan ordinaire à coïncider avec le 1-plan défini par les points de coordonnées

$$\begin{vmatrix} 0 & 0 & 0 & \dots \\ 1 & 0 & 0 & \dots \\ 0 & 1 & 0 & \dots \end{vmatrix}$$

un 1-plan $2I^2$ à coïncider avec le 1-plan

$$\begin{vmatrix} 0 & 0 & 0 & 0 & \dots \\ 1 & i & 0 & 0 & \dots \\ 0 & 0 & 1 & 0 & \dots \end{vmatrix}$$

un 1-plan I^2 avec le 1-plan

$$\left|\begin{matrix} 0 & 0 & 0 & 0 & \dots \\ 1 & i & 0 & 0 & \dots \\ 0 & 0 & 1 & i & \dots \end{matrix}\right. \quad (^1)$$

Il n'existera de 1-plan I^2 que dans un espace d'ordre égal ou supérieur à quatre.

Quatre points A, B, C, D de coordonnées x, y, z, t non situés dans un même 1-plan permettent de définir un 2-plan comme l'ensemble des points dont les coordonnées X_i vérifient les égalités

$$X_i = x_i + \lambda(y_i - x_i) + \mu(z_i - x_i) + r(t_i - x_i),$$

ou encore

$$X_i = \alpha x_i + \beta y_i + \gamma_{2i} + \delta t_i \quad (\alpha + \beta + \gamma + \delta = 1).$$

On définit de façon analogue un 3-plan, ..., un $(p-1)$-plan.

Le parallélisme de deux $(p-1)$-plans se définit comme le parallélisme de deux 1-plan.

Tout $(q-1)$-plan ayant $(q+1)$ points communs avec un $(p-1)$-plan $(q < p)$ est contenu tout entier dans le $(p-1)$-plan.

L'étude des $(p-1)$-plans est basée sur la détermination des directions isotropes qui y sont contenues, étude qui revient à celle de la forme quadratique $\varphi(\lambda, \mu, \nu, \dots)$ homogène à p variables.

$(p+1)$ cas seront à envisager suivant que la forme quadratique se décompose en p, $p-1$, ..., 1 carrés indépendants ou est identiquement nulle. On définit de cette manière les $(p-1)$-plans O, pI^p, $(p-1)I^p$, ..., I^p.

Dans un $(p-1)$-plan ordinaire on peut tracer p droites ordinaires, rectangulaires deux à deux et concourantes.

Un $(p-1)$-plan I^p ne peut exister que dans un espace d'ordre supérieur ou égal à $2p$.

---

(1) Les notations employées se justifient de la manière suivante:

Une figure d'un espace d'ordre n possède la propriété 2H si elle est la projection d'une figure d'un espace d'ordre $n+1$ possédant la propriété H.

Le 1-plan $2I^2$ considéré est la projection du 1-plan I^2 défini par les points

$$\left|\begin{matrix} 0 & 0 & 0 & 0 & \dots \\ 1 & i & 0 & 0 & \dots \\ 0 & 0 & 1 & i & \dots \end{matrix}\right.$$

Variétés linéaires orthogonales. — Considérons dans un espace d'ordre n un $(p-1)$-plan contenant l'origine défini par p directions $(p < n)$

$$OA_i \quad a_{i1} \quad a_{i2} \quad \ldots \quad a_{in} \qquad (i = 1, 2, \ldots, p).$$

Proposons-nous de déterminer les directions OM orthogonales à toutes les directions OA_i. Ces directions seront définies par les égalités

$$a_{i1}x_1 + a_{i2}x_2 + \ldots + a_{in}x_n = 0 \qquad (i = 1, 2, \ldots, p).$$

Comme les déterminants d'ordre p extraits du tableau

$$\| a_{i1} \quad \ldots \quad a_{in} \|$$

ne sont pas tous nuls, ces p égalités permettront par exemple d'exprimer p quantités en fonction linéaire des $n-p$ autres. L'ensemble des directions OM appartient à un $(n-p-1)$-plan. Les deux variétés ainsi définies sont orthogonales. On vérifie immédiatement que toute droite de la première variété est orthogonale à toutes les droites de la seconde et inversement.

On montre également que, à deux variétés A de même nature correspondent deux variétés orthogonales de même nature.

Suivant que la variété A est ordinaire ou singulière, la variété orthogonale est ordinaire ou singulière.

Il en résulte que dans un espace d'ordre n il y a autant de singularités pour les variétés d'ordre p et d'ordre $(n-p-1)$.

Le tableau suivant indique les singularités qui existent dans un espace d'ordre cinq avec les correspondances entre les variétés orthogonales

Droite	ordinaire	I	1-plan	ordinaire	$2\,I^2$	I^1
3-plan	ordinaire	$4\,I^4$	2-plan	ordinaire	$3\,I^3$	$2\,I^3$

CHAPITRE II.

ÉTUDE DES COURBES.

Si les coordonnées $x_1, x_2, \ldots, x_n$ d'un point M sont des fonctions d'un paramètre u, ce point décrit, lorsque u varie, une courbe.

Nous supposerons qu'il n'existe pas de relation linéaire à coefficients constants entre les n fonctions x, ce qui revient à dire que la courbe est réellement située dans un espace n.

Tangente. — Étant donnés un point M correspondant à la valeur u du paramètre et un point voisin M', la tangente à la courbe en M sera définie comme la position limite M'T de la droite MM' lorsque M' tendra vers M.

Les paramètres directeurs de cette droite seront les quantités $\frac{dx_i}{du}$, elle sera représentée par les équations

$$y_i = x_i + \lambda_1 \frac{dx_i}{du} \qquad (i = 1, 2, \ldots, n).$$

Si par l'origine O on mène une parallèle OG à la droite MT, cette parallèle engendrera, lorsque l'on fait varier le paramètre u, un cône appelé cône directeur des tangentes.

1. **Plan osculateur.** — Il sera défini comme la position limite du 1-plan qui contient la tangente MT et qui est parallèle à la tangente en un point voisin M' lorsque M' tend vers M.

Cette variété sera définie par les relations

$$y_i = x_i + \lambda_1 \frac{dx_i}{du} + \lambda_2 \frac{d^2 x_i}{du^2}$$

qui représentent toujours un véritable 1-plan.

$(p-1)$-Plan osculateur. — Continuant le raisonnement le $(p-1)$-plan osculateur sera la variété linéaire définie par les égalités

$$y_i = x_i + \lambda_1 \frac{dx_i}{du} + \ldots + \lambda_p \frac{d^p x}{du^p}.$$

On a toujours un véritable $(p-1)$-plan et l'on peut définir ainsi jusqu'au $(n-2)$-plan osculateur.

Remarquons : 1° que le p-plan osculateur en un point d'une courbe contient le $(p-1)$-plan osculateur au même point;

2° Que les variétés linéaires ainsi définies restent les mêmes lorsque l'on effectue un changement de variable.

Courbes parallèles. — Étant données deux courbes C, C', on appelle points correspondants de ces deux courbes les points qui correspondent à la même valeur de la variable.

Deux courbes seront parallèles si les tangentes aux points correspondants sont parallèles. Les p-plans osculateurs aux points correspondants seront aussi parallèles.

Proposons-nous de déterminer les courbes parallèles à une courbe donnée. Ce problème revient à la détermination d'une courbe connaissant les paramètres directeurs de ses tangentes.

Soient $\left\{\begin{matrix} x_1 \\ x_n \end{matrix}\right.$ ces paramètres, $\left\{\begin{matrix} X_1 \\ X_n \end{matrix}\right.$ les coordonnées d'un point de la courbe; on doit avoir

$$\frac{\frac{dX_1}{du}}{x_1} = \frac{\frac{dX_2}{du}}{x_2} = \ldots = \frac{\frac{dX_n}{du}}{x_n}.$$

Si l'on désigne par $f(u)$ une fonction arbitraire, on obtiendra

$$X_i = \int x_i f(u)\, du.$$

On peut encore raisonner de la manière suivante :

Le déterminant

$$\Delta = \left\| x_i \quad \frac{dx_i}{du} \quad \cdots \quad \frac{d^{n-1}x_i}{du^{n-1}} \right\|$$

étant différent de zéro, proposons-nous de déterminer n fonctions $P, P_1, \ldots, P_{n-1}$ telles que l'on ait

$$X_i = P x_i + P_1 \frac{dx_i}{du} + \ldots + P_{n-1} \frac{d^{n-1}x_i}{du^{n-1}}.$$

Remarquons d'abord qu'il est possible de trouver n fonctions $A, A_1, \ldots, A_{n-1}$ satisfaisant aux relations

$$\frac{d^n x_i}{du^n} = A x_i + A_1 \frac{dx_i}{du} + \ldots + A_{n-1} \frac{d^{n-1}x_i}{du^{n-1}}.$$

On obtiendra ensuite

$$\begin{aligned} \frac{dX_i}{du} = x_i\left(\frac{dP}{du} + P_{n-1}A\right) + \frac{dx_i}{du}\left(P + \frac{dP_1}{du} + P_{n-1}A_1\right) - \ldots \\ + \frac{d^{n-2}x_i}{du^{n-2}}\left(P_{n-3} + \frac{dP_{n-2}}{du} + P_{n-1}A_{n-2}\right) \\ + \frac{d^{n-1}x_i}{du}\left(P_{n-2} + \frac{dP_{n-1}}{du} + P_{n-1}A_{n-1}\right). \end{aligned}$$

On devra avoir

$$P_{n-2}+\frac{dP_{n-1}}{du}+P_{n-1}A_{n-1}=0,$$

$$P_{n-3}+\frac{dP_{n-2}}{du}+P_{n-1}A_{n-2}=0,$$

$$\dots\dots\dots\dots\dots\dots,$$

$$P\quad+\frac{dP_1}{du}+P_{n-1}A_1\quad=0.$$

On peut prendre arbitrairement la fonction P_{n-1}, les formules précédentes permettront de calculer de proche en proche $P_{n-2}, \dots, P$.

Courbes orthogonales. — Considérons deux courbes C, D et deux points correspondants $M\begin{cases}X_1\\X_n\end{cases}$, $N\begin{cases}Y_1\\Y_n\end{cases}$; si la tangente en un point de la courbe D est orthogonale au $(n-2)$-plan osculateur à la courbe C au point correspondant les deux courbes sont orthogonales.

Soient x_i, y_i les paramètres directeurs des tangentes en M et N. La condition précédente entraîne les égalités

$$\sum x_i y_i=0,\qquad \sum y_i\frac{dx_i}{du}=0,\qquad \dots,\qquad \sum y_i\frac{d^{n-2}x_i}{du}=0.$$

Ces relations déterminent n quantités y_i linéairement indépendantes. La courbe C étant donnée, on pourra déterminer une famille de courbes parallèles D orthogonales à C.

Des relations précédentes on déduit

$$\sum x_i\frac{dy_i}{du}=0,\qquad \sum \frac{dy_i}{du}\frac{dx_i}{du}=0,\qquad \dots,\qquad \sum \frac{dy_i}{du}\frac{d^{n-3}x_i}{du}=0.$$

On conclut de là que le 1-plan osculateur à D est orthogonal au $(n-3)$-plan osculateur à C.

Continuant ainsi on montrera que le p-plan osculateur de D est orthogonal au $(n-p-2)$-plan osculateur de C, et finalement que la tangente à C est orthogonale au $(n-2)$-plan osculateur de D.

La propriété indiquée est réciproque, on peut dire que deux courbes sont orthogonales si le k-plan osculateur de l'une est orthogonal au $(n-k-2)$-plan osculateur de l'autre.

Développables. — On appelle développable l'ensemble des points appartenant aux tangentes d'une courbe. Si l'on désigne par $\left\{\begin{matrix} X_1 \\ X_n \end{matrix}\right.$ les coordonnées d'un point M d'une courbe C ([1]), cet ensemble est défini par les égalités

$$Y_i = X_i + \lambda x_i \qquad (i = 1, 2, \ldots, n),$$

où l'on désigne par x_i la quantité

$$\frac{dX_i}{du} = h x_i.$$

Lorsque λ est une fonction de u le point N de coordonnées Y décrit une courbe Γ située sur la développable. Comme on a

$$\frac{dY_i}{du} = \left(h + \frac{d\lambda}{du}\right) x_i + \lambda \frac{dx_i}{du},$$

la tangente à la courbe Γ en N est située dans le 1-plan osculateur en M à la courbe C.

Inversement pour qu'une droite D engendre une développable, il suffit que les tangentes en deux points quelconques A et B d'une de ces droites aux courbes décrites par ces points soient dans un même plan.

Soient X, Y les coordonnées de A, B; x, y les paramètres directeurs des tangentes en A et B choisis de telle manière que l'on ait

$$\frac{dX_i}{du} = x_i, \qquad \frac{dY_i}{du} = y_i \qquad (i = 1, 2, \ldots, n).$$

La condition indiquée est traduite par les égalités

$$Y_i - X_i = \lambda x_i + \mu y_i \qquad (i = 1, 2, \ldots, n;\ \lambda\mu \neq 0).$$

Les tangentes en A et B aux courbes décrites par ces points étant supposées différentes de AB.

Les coordonnées d'un point quelconque M de la droite AB sont données par les relations

$$Z_i = \alpha X_i + \beta Y_i \qquad (\alpha + \beta = 1;\ i = 1, 2, \ldots, n).$$

([1]) La courbe C est l'arête de rebroussement de la développable.

La développable est circonscrite à la courbe C.

Deux développables sont parallèles lorsque leurs arêtes de rebroussement sont des courbes parallèles.

Si l'on prend

$$\alpha = \frac{\lambda}{\lambda + \mu}, \qquad \beta = \frac{\mu}{\lambda + \mu},$$

la courbe décrite par le point M est tangente à AB, ce qui démontre la propriété.

En particulier la droite qui joint les points correspondants de deux courbes parallèles engendre une développable.

Propriétés des courbes tracées sur une développable. — Nous allons montrer qu'étant donnée une courbe (Γ) tracée sur une développable, on peut trouver sur le cône directeur une courbe (γ) qui lui est parallèle.

Les coordonnées d'un point de la génératrice G parallèle à la tangente MT sont

$$T_i = r x_i,$$

et l'on a

$$\frac{dT_i}{du} = r\frac{dx_i}{du} + x_i\frac{dr}{du}.$$

La courbe Γ étant donnée pour que la courbe γ lui soit parallèle, il faut et il suffit que la fonction $r(u)$ satisfasse à la relation

$$\frac{\dfrac{dr}{du}}{h + \dfrac{d\lambda}{du}} = \frac{r}{\lambda}.$$

r est ainsi déterminé à un facteur constant près. Les courbes (γ) sont homothétiques.

Si au contraire la courbe (γ) est connue, λ est déterminé par une équation différentielle du premier ordre. On obtient sur la développable une infinité de courbes Γ parallèles à γ.

De cette étude résulte la propriété suivante :

Lorsque deux développables sont parallèles à toute courbe tracée sur l'une, on peut faire correspondre une infinité de courbes parallèles tracées sur l'autre.

Développables et courbes. — Lorsqu'une développable contient une courbe C, la développable et la courbe C sont assemblées.

Il est facile, étant donnée une courbe C, de déterminer les développables assemblées à cette courbe.

Supposons déterminée une de ces développables. les parallèles menées par l'origine des coordonnées aux droites qui l'engendrent définissent le cône directeur de la développable. Il existe sur ce cône une courbe (c) parallèle à (C). D'où la solution suivante :

Étant donnée une courbe (c) parallèle à (C), si m est le point de c qui correspond au point M de C, la droite MG parallèle à Om engendre une surface réglée. On vérifie analytiquement que cette surface est développable.

Il résulte de là que si deux courbes sont parallèles, toute développable assemblée à l'une est parallèle à une développable assemblée à l'autre.

On peut généraliser pour un espace d'ordre quelconque un certain nombre de propriétés établies pour l'espace ordinaire. Leur démonstration géométrique est immédiate.

Considérons deux développables assemblées à une courbe C. Soient $M\alpha$ et $M\beta$ les génératrices qui passent par un point M, A et B les points correspondants des arêtes de rebroussement. La droite AB engendre une développable.

Considérons maintenant une troisième développable assemblée à la courbe C, $M\gamma$ la génératrice passant par M, C le point de contact de cette génératrice avec l'arête de rebroussement.

Si $M\gamma$ est constamment dans le 1-plan ABC, l'arête de rebroussement correspondante est assemblée à la développable AB.

Si les droites $M\alpha$, $M\beta$, $M\gamma$ définissent un 2-plan, les arêtes de rebroussement des développables engendrées par AB, BC, CA sont assemblées à une même développable.

On démontre par la même méthode que le 1-plan qui contient les points correspondants de trois courbes parallèles est le 1-plan osculateur d'une courbe.

Courbes et développables orthogonales. — Si deux courbes C et Γ sont orthogonales, on dit que la développable circonscrite à C est orthogonale à la développable circonscrite à Γ, ou encore que la courbe C est orthogonale à la développable circonscrite à Γ.

Montrons que si deux courbes sont orthogonales, toute courbe assemblée à la développable circonscrite à l'une est orthogonale à une développable assemblée à l'autre.

Soient x, y les paramètres directeurs des tangentes aux deux courbes C, Γ. On a

$$\begin{array}{llll}
\sum x_i \quad y_i = 0, & \sum \frac{dx_i}{du} y_i = 0, & \ldots, & \sum \frac{d^{n-2}x_i}{du^{n-2}} y_i = 0, \\
\sum x_i \frac{dy_i}{du} = 0, & \sum \frac{dx_i}{du}\frac{dy_i}{du} = 0, & \ldots, & \sum \frac{d^{n-3}x_i}{du^{n-3}}\frac{dy_i}{du} = 0, \\
\ldots\ldots, & \ldots\ldots, & \ldots, & \ldots\ldots, \\
\sum x_i \frac{d^{n-1}y_i}{du} = 0 & & &
\end{array}$$

$$(i = 1, 2, \ldots, n).$$

Les paramètres directeurs d'une tangente à une courbe Γ_1 assemblée à la développable circonscrite à Γ sont de la forme

$$Y_i = \frac{dy_i}{du} + \lambda y_i,$$

ceux d'une droite qui engendre une développable assemblée à C,

$$X_i = P x_i + P_1 \frac{dx_i}{du} + \ldots + P_{n-1}\frac{d^{n-1}x_i}{du^{n-1}};$$

$P, P_1, \ldots, P_{n-2}$ étant des fonctions de u déterminées lorsque l'on se donne arbitrairement la fonction P_{n-1} par la condition

$$\frac{dX_i}{du} = h x_i.$$

Posons

$$\theta = \sum_{i=1}^{i=n} y_i X_i = P_{n-1}\sum y_i \frac{d^{n-1}x_i}{dy_i^{n-1}}.$$

Montrons que l'on peut déterminer θ, ce qui équivaut à déterminer P_{n-1}, de façon que la développable correspondante soit orthogonale à la courbe Γ_1.

On doit avoir

$$\sum_{i=1}^{i=n} X_i Y_i = \sum X_i \frac{dy_i}{du} + \lambda \sum X_i y_i = 0.$$

Mais

$$\frac{d\theta}{du} = h\sum x_i y_i + \sum X_i \frac{dy_i}{du} = \sum X_i \frac{dy_i}{du}.$$

L'égalité précédente s'écrit

$$\frac{d\theta}{du} + \lambda\theta = 0;$$

θ étant ainsi défini, il est facile de vérifier l'orthogonalité de la développable et de la courbe. Il suffit de remarquer que $\frac{d^p X_i}{du^p}$ est une fonction linéaire de

$$x_i, \quad \frac{dx_i}{du}, \quad \ldots, \quad \frac{d^{p-1} x_i}{du^{p-1}}.$$

Courbe décrite par un point du 1-plan osculateur. — Un point du 1-plan osculateur d'une courbe a ses coordonnées définies par les égalités

$$Y_i = X_i + p x_i + q \frac{dx_i}{du}.$$

Il résulte de là que la tangente à une courbe décrite par un point du 1-plan osculateur est située dans le 2-plan osculateur de la courbe.

D'une façon générale la tangente à une courbe décrite par un point du $(p-1)$-plan osculateur d'une courbe est située dans le p-plan osculateur.

Signalons aussi que lorsque deux courbes sont parallèles à toute courbe décrite par un point du p-plan osculateur de l'une, on peut faire correspondre des courbes parallèles décrites par des points du p-plan osculateur de l'autre.

CHAPITRE III.

COURBES ORDINAIRES.

Déterminants orthogonaux. — Considérons un déterminant orthogonal

$$\Delta = \| a_{i1} \quad a_{i2} \quad \ldots \quad a_{in} \|$$

dont les éléments sont des fonctions d'une variable u.

On peut trouver n^2 fonctions de u telles que

$$\frac{da_{ik}}{du} = p_{i1} a_{1k} + p_{i2} a_{2k} + \ldots + p_{in} a_{nk}.$$

On vérifie immédiatement que

$$p_{11} = p_{22} = \ldots = p_{nn} = 0,$$
$$p_{ik} = -p_{ki};$$

les quantités p sont les rotations du déterminant. Il y a $\frac{n(n-1)}{2}$ rotations distinctes.

Si l'on suppose connues les rotations d'un déterminant orthogonal, on démontre comme pour l'espace ordinaire que la solution la plus générale se déduit d'une solution quelconque par une substitution orthogonale à coefficients constants.

Courbes ordinaires. — Une courbe est ordinaire si sa tangente et tous ses plans osculateurs sont ordinaires.

Soient $x_1, \ldots, x_n$ les coordonnées d'un point d'une telle courbe; le 1-plan osculateur étant ordinaire, on peut mener dans ce plan une droite MN, perpendiculaire à la tangente MT; cette droite est la première normale de la courbe C. De même, dans le 2-plan osculateur, on peut mener une droite perpendiculaire à MT et à MN; on obtient ainsi la deuxième normale. On définira de proche en proche la 3e, 4e, ..., $(n-1)$ normale. Ce système de n droites deux à deux rectangulaires forme le n-èdre de Serret.

Désignons par

$$x_{11}, x_{12}, \ldots, x_{1n}; \quad x_{21}, x_{22}, \ldots, x_{2n}; \quad \ldots; \quad x_{n1}, x_{n2}, \ldots, x_{nn}$$

les cosinus directeurs de ces n droites, le déterminant

$$\Delta = \| x_{i1} \quad x_{i2} \quad \ldots \quad x_{in} \|$$

est un déterminant orthogonal.

Proposons-nous de calculer les rotations de ce déterminant.

Les quantités $\frac{dx_{1i}}{du}$ sont les paramètres directeurs d'une droite parallèle au 1-plan osculateur. On doit donc avoir

$$\frac{dx_{1i}}{du} = \alpha x_{1i} + \beta x_{2i} \qquad (i = 1, 2, \ldots, n),$$

mais

$$\alpha = p_{11} = 0.$$

On peut donc écrire, en désignant par A_1 la rotation p_{12},

$$\frac{dx_{1i}}{du} = A_1 x_{2i}.$$

De même les quantités $\frac{dx_{1i}}{du}$ étant les paramètres d'une droite parallèle au 2-plan osculateur, on peut écrire

$$\frac{dx_{2i}}{du} = \alpha x_{1i} + \beta x_{2i} + \gamma x_{3i}.$$

Mais

$$\alpha = p_{21} = -p_{12} = -A_1,$$
$$\beta = p_{22} = 0.$$

Posant

$$\gamma = p_{23} = A_2,$$

on a

$$\frac{dx_{2i}}{du} = -A_1 x_{1i} + A_2 x_{3i}.$$

En tenant compte des relations qui existent entre les rotations, on calculera de proche en proche

$$\frac{dx_{3i}}{du} = -A_2 \quad x_{2i} \quad + A_3 \quad x_{4i},$$
$$\frac{dx_{pi}}{du} = -A_{p-1} x_{p-1i} + A_p \quad x_{p+1i},$$
$$\dots\dots\dots\dots\dots\dots\dots\dots$$
$$\frac{dx_{n-1i}}{du} = -A_{n-2} x_{n-2i} + A_{n-1} x_{ni},$$
$$\frac{dx_{ni}}{du} = -A_{n-1} x_{n-1i}.$$

Nous n'avons dans ce cas que $(n-1)$ rotations; ces rotations sont toutes différentes de zéro. On voit que s'il en était autrement il existerait entre un certain nombre de quantités x_{ki} une relation linéaire et homogène.

Si une courbe Γ est orthogonale à la courbe c considérée, la tangente à cette courbe a pour cosinus directeurs les quantités x_{ni}, la première normale les quantités x_{n-1i}, etc.

Il peut être avantageux, dans certains cas, de particulariser la variable indépendante.

Si l'on pose

$$ds^2 = \sum_{i=1}^{i=n} dX_i^2 = H^2\, du^2,$$

s est appelé l'arc de la courbe donnée; on obtient

$$\frac{dX_i}{ds} = x_{1i},$$
$$\frac{dx_{1i}}{ds} = \omega_1 x_{2i}, \qquad \frac{dx_{2i}}{ds} = -\omega_1 x_{1i} + \omega_2 x_{3i}, \qquad \dots;$$
$$\frac{dx_{n-2i}}{ds} = -\omega_{n-2} x_{n-2i} + \omega_{n-1} x_{ni}, \qquad \frac{dx_{ni}}{ds} = -\omega_{n-1} x_{n-1i}.$$

Les quantités $\omega_1, \omega_2, \ldots, \omega_{n-1}$ sont appelées les 1re, 2e, ..., $(n-1)$ courbures de la courbe c.

Deux courbes ayant les mêmes courbures sont superposables.

On peut encore prendre comme variable indépendante l'une des fonctions σ définies par

$$d\sigma^2 = \sum_{i=1}^{i=n} dx_i^2 = A^2\, du^2.$$

On obtient un groupe de formules commodes pour étudier les propriétés qui ne dépendent que de la direction des éléments, c'est-à-dire de la représentation sphérique de la courbe

$$\frac{dX_i}{d\sigma} = h\, x_{1i},$$

$$\frac{dx_{1i}}{d\sigma} = x_{2i}, \qquad \frac{dx_{2i}}{d\sigma} = -x_{1i} + a_2 x_{3i}, \qquad \ldots, \qquad \frac{dx_{n-i}}{d\sigma} = -a_{n-1} x_{n-1i}.$$

Ensemble des points d'une développable. — On peut prendre comme coordonnées d'un point de l'ensemble, les expressions

$$Y_i = X_i + \rho x_{1i} \qquad (i = 1, 2, \ldots, n),$$

dans lesquelles on désigne par x_{1i} un système de cosinus directeurs de la tangente. On déduit de là

$$dY_i = (x_{1i} + \rho\omega_1 x_{2i})\, ds + x_{1i}\, d\rho,$$

et par suite

$$dS^2 = (1 + \rho^2 \omega_1^2)\, ds^2 + 2\, ds\, d\rho + d\rho^2.$$

La seule fonction ω_1 intervient, il en résulte donc que :

Deux développables correspondant à une même valeur de ω_1 sont applicables.

Une développable est applicable sur un plan.

Ensemble des points des 1-plans osculateurs. — En raisonnant de la même manière, on voit que le ds^2 de la variété ainsi définie ne dépend que des quantités ω_1, ω_2.

Deux ensembles correspondant aux mêmes fonctions ω_1, ω_2 sont applicables.

Comme il existe dans l'espace ordinaire des courbes admettant ω_1,

ω_2 comme première et seconde courbure, l'ensemble des points des 1-plans osculateurs est applicable sur l'espace ordinaire.

On généralise aisément ces résultats pour l'ensemble de points appartenant aux p-plans osculateurs d'une courbe.

Applications. — Étant données deux courbes C, C', si l'on fait correspondre sur ses deux courbes les points M, M' provenant d'une même valeur de l'arc s, on dit que l'on applique les deux courbes l'une sur l'autre.

Si aux points M, M' les premières courbures sont les mêmes, les courbes sont applicables au deuxième ordre ; si les $(p-1)$ premières courbures sont les mêmes, les courbes sont applicables au $p^{\text{ième}}$ ordre.

Lorsque deux courbes sont applicables au $p^{\text{ième}}$ ordre, les variétés formées par l'ensemble des points appartenant aux $(p-1)$-plans osculateurs sont applicables. On réalise l'application des deux variétés en faisant correspondre les points P, P' ayant même coordonnées par rapport aux p-èdre formés par les tangentes et les $(p-1)$ premières normales aux points correspondants M, M'. Si ces coordonnées sont fonction d'un paramètre on obtient deux courbes Γ, Γ' qui se correspondent comme les courbes C, C'. Si ces coordonnées sont fonction de deux paramètres, on obtient deux variétés doublement infinies applicables.

On peut faire correspondre aux droites fixes d'un plan des courbes tracées sur une développable. Ces courbes sont appelées les géodésiques de la développable.

De même aux droites fixes de l'espace ordinaire on pourra faire correspondre des courbes situées dans la variété décrite, par l'ensemble des points des 1-plans osculateurs, qui seront appelées géodésiques, etc.

Développantes et développées. — *Trajectoires orthogonales des tangentes.* — Un point N situé sur la tangente en un point M d'une courbe C a pour coordonnées

$$Y_i = X_i + \rho x_{1i} \qquad (i = 1, 2, \ldots, n).$$

On en déduit

$$\frac{dY_i}{ds} = \left(1 + \frac{d\rho}{ds}\right) x_{1i} + \rho\omega_1 x_{2i}.$$

La courbe lieu de N est orthogonale à la tangente à la courbe C, si l'on a

$$1 + \frac{d\rho}{ds} = 0 \qquad (\rho = k - s).$$

On obtient ainsi une infinité de courbes dépendant d'une constante arbitraire k. Ces courbes sont les développantes de la courbe C. Leurs tangentes sont parallèles à la première normale de c.

Trajectoires orthogonales des 1*-plans osculateurs.* — Un point P du 1-plan osculateur de la courbe C a pour coordonnées

$$Z_i = X_i + \rho x_{1i} + r x_{2i} \qquad (i = 1, 2, \ldots, n);$$

par différentiation on obtient

$$\frac{dZ_i}{ds} = \left(1 + \frac{d\rho}{ds} - \omega_1 r\right) x_{1i} + \left(\rho\omega_1 + \frac{dr}{ds}\right) x_{2i} + r\omega_2 x_{3i}.$$

La courbe lieu de P est orthogonale au 1-plan si les relations

$$1 + \frac{d\rho}{ds} - \omega_1 r = 0,$$
$$\rho\omega_1 + \frac{dr}{ds} = 0$$

sont vérifiées.

Ces deux équations déterminent ρ et r. On peut les interpréter géométriquement de la manière suivante qui est classique :

Considérons une courbe plane (C) applicable au deuxième ordre sur la courbe donnée; r et ρ étant supposés connus, au point P correspondra un point p du plan dont les coordonnées Z'_1, Z'_2 seront données par les relations

$$Z'_k = X'_k + \rho x_{1k} + r x_{2k} \qquad (k = 1, 2).$$

On aura

$$\frac{dZ'_k}{ds} = 0.$$

Le point p est un point fixe du plan.

Il résulte de là que r et ρ sont les coordonnées d'un point fixe du plan, relatives à l'angle droit de Serret attaché à la courbe plane C.

Il existe donc une double infinité de trajectoires orthogonales.

La tangente à une trajectoire est parallèle à la deuxième normale.

Si l'on considère plusieurs trajectoires orthogonales des 1-plans osculateurs d'une courbe, la figure géométrique formée par les points situés dans les différents plans a une forme invariable.

Trajectoires orthogonales des 2-plans osculateurs. — En conservant les mêmes notations, les coordonnées d'un point du 2-plan osculateur d'une courbe C sont données par

$$T_i = X_i + \alpha x_{1i} + \beta x_{2i} + \gamma x_{3i}$$

et l'on a

$$\frac{dT_i}{ds} = \left(1 + \frac{d\alpha}{ds} - \beta\omega_1\right) x_{1i} + \left(\alpha\omega_1 + \frac{d\beta}{ds} - \gamma\omega_2\right) x_{2i} + \left(\beta\omega_2 + \frac{d\gamma}{ds}\right) x_{3i} + \gamma\omega_3 x_{4i}.$$

La courbe décrite sera normale au 2-plan si les égalités

$$1 + \frac{d\alpha}{ds} - \beta\omega_1 = 0,$$

$$\alpha\omega_1 + \frac{d\beta}{ds} - \gamma\omega_2 = 0,$$

$$\beta\omega_2 + \frac{d\gamma}{ds} = 0$$

sont vérifiées.

Ces équations qui déterminent α, β, γ s'interprètent facilement. Considérons dans l'espace ordinaire une courbe (C) applicable au troisième ordre sur la courbe (C). On verrait comme précédemment que α, β, γ sont les coordonnées d'un point fixe de l'espace par rapport au trièdre de Serret attaché à la courbe (C).

Ces trajectoires ont des propriétés analogues à celles qui ont été indiquées pour les trajectoires orthogonales des 1-plans osculateurs.

On obtient des résultats analogues pour les trajectoires orthogonales des p-plans osculateurs.

Développées. — Étant donnée une courbe C, proposons-nous de trouver une courbe Γ telle que la courbe C soit une trajectoire orthogonale des tangentes de la courbe Γ.

Les courbes Γ seront les développées de la courbe C. Déterminer les courbes Γ revient à déterminer les normales de C qui engendrent des développables.

Nous supposerons la courbe C placée dans un espace à cinq dimensions et nous désignerons par x_i, y_i, z_i, t_i, u_i les cosinus directeurs des arêtes du 5-èdre de Serret, exprimés en fonction de l'arc σ de l'indicatrice sphérique de la courbe.

On a les relations

$$\frac{dx_i}{d\sigma} = +y_i, \qquad \frac{dy_i}{d\sigma} = -x_i + a z_i,$$
$$\frac{dz_i}{d\sigma} = -a y_i + b t_i, \qquad \frac{dt_i}{d\sigma} = -b z_i + c u_i, \qquad \frac{du_i}{d\sigma} = -c t_i.$$

Les paramètres directeurs d'une normale L à la courbe C sont

$$\alpha y_i + \beta z_i + \gamma t_i + \delta u_i,$$

et l'on peut supposer, suivant que la normale est ordinaire ou isotrope,

$$\alpha^2 + \beta^2 + \gamma^2 + \delta^2 = 1 \text{ ou } 0.$$

Les coordonnées d'un point N de la normale sont

$$Y_i = X_i + \rho(\alpha y_i + \beta z_i + \gamma t_i + \delta u_i).$$

Par différentiation, on obtient

$$\begin{aligned}\frac{dY_i}{d\sigma} = x_1(h - \rho\alpha) + y_1\left(\alpha\frac{d\rho}{d\sigma} + \rho\frac{d\alpha}{d\sigma} - a\rho\beta\right) & \\ + z_i\left(\beta\frac{d\rho}{d\sigma} + \rho\frac{d\beta}{d\sigma} + a\rho\alpha - b\rho\gamma\right) & \\ + t_i\left(\gamma\frac{d\rho}{d\sigma} + \rho\frac{d\gamma}{d\rho} + b\rho\beta + c\rho\delta\right) & \\ + u_i\left(\delta\frac{d\rho}{d\sigma} + \rho\frac{d\delta}{d\sigma} + c\rho\gamma\right). &\end{aligned}$$

Pour que la normale engendre une développable admettant pour arête de rebroussement la courbe décrite par N, il faut que l'on ait

$$h - \rho\alpha = 0,$$

$$\frac{\alpha\frac{d\rho}{d\sigma} + \rho\frac{d\alpha}{d\sigma} - a\rho\beta}{\alpha} = \frac{\beta\frac{d\rho}{d\sigma} + \rho\frac{d\beta}{d\sigma} + a\rho\alpha - b\rho\gamma}{\beta}$$
$$= \frac{\gamma\frac{d\rho}{d\sigma} + \rho\frac{d\gamma}{d\sigma} + b\rho\beta - c\rho\delta}{\gamma} = \frac{\delta\frac{d\rho}{d\sigma} + \rho\frac{d\delta}{d\sigma} + c\rho\gamma}{\delta},$$

ou après simplification

$$\frac{\frac{d\alpha}{d\sigma} - a\beta}{\alpha} = \frac{\frac{d\beta}{d\sigma} + a\alpha - b\gamma}{\beta} = \frac{\frac{d\gamma}{d\sigma} + b\beta - c\delta}{\gamma} = \frac{\frac{d\delta}{d\sigma} + c\gamma}{\delta},$$

La valeur commune de ces rapports est

$$\frac{\alpha\frac{d\alpha}{d\sigma}+\beta\frac{d\beta}{d\sigma}+\gamma\frac{d\gamma}{d\sigma}+\delta\frac{d\delta}{d\sigma}}{\alpha^2+\beta^2+\gamma^2+\delta^2}.$$

Si L est une normale ordinaire, cette valeur est nulle. Elle peut être égale à zéro par un choix convenable de α, β, γ, δ dans le cas où la normale est isotrope.

La détermination de α, β, γ, δ revient dans tous les cas à la résolution du système

$$\frac{d\alpha}{d\sigma}=a\beta, \qquad \frac{d\gamma}{d\sigma}=-b\beta+c\delta,$$
$$\frac{d\beta}{d\sigma}=-a\alpha+b\gamma, \qquad \frac{d\delta}{d\sigma}=-c\gamma.$$

Ces quantités étant déterminées, la première équation permet de calculer ρ.

Les équations déterminant α, β, γ, δ sont celles qui permettent de déterminer les éléments d'un déterminant orthogonal dans un espace d'ordre 4 connaissant les rotations.

On en déduit facilement les conclusions suivantes :

Si l'on a déterminé quatre normales deux à deux rectangulaires L_1, L_2, L_3, L_4 qui engendrent des développables, une cinquième normale L qui engendre une développable aura par rapport au 4-èdre, formé par L_1, L_2, L_3, L_4, une position constante.

La figure formée par un nombre quelconque de normales qui touchent des développées a une forme invariable.

Un point fixe par rapport au 4-èdre L_1, L_2, L_3, L_4 décrit une courbe parallèle à la courbe donnée.

Enfin comme la détermination des développées ne fait intervenir que les éléments de la représentation sphérique,

Les développées de deux courbes parallèles sont parallèles.

Le raisonnement précédent fait pour une courbe située dans un espace d'ordre quelconque conduirait à des conclusions analogues.

Courbes dont les 1-plans osculateurs sont normaux à une courbe C. — Soient L_1, L_2 deux normales en un point M d'une courbe C qui touchent deux développées. Le 1-plan formé par ces deux droites est le 1-plan osculateur d'une courbe Γ répondant à la question.

Montrons que l'on obtient ainsi toutes les courbes (Γ). Si le 1-plan osculateur en un point P d'une courbe Γ est normal en un point M d'une courbe C, il existe dans ce 1-plan des points M', M'' qui décrivent des trajectoires orthogonales des 1-plans osculateurs de Γ. Les courbes décrites par M', M'' sont parallèles à la courbe C. Les droites MM', MM'' engendrent des développables. Le 1-plan osculateur en un point P de Γ contient donc deux normales à C qui touchent des développées.

On généralise sans difficulté ce raisonnement et l'on démontre que si l'on considère p normales à une courbe C formant un p-èdre, le $(p-1)$-plan qui les contient est le $(p-1)$-plan osculateur d'une courbe Γ. On obtient ainsi toutes les courbes Γ dont le $(p-1)$-plan osculateur est normal à C.

CHAPITRE IV.

COURBES ISOTROPES.

Courbes I simplement isotropes. — Un point M de coordonnées X_1, $X_2, \ldots, X_n$ décrit une courbe C simplement isotrope lorsque les relations

$$\sum \left(\frac{dX_i}{du}\right)^2 = 0, \qquad \sum \left(\frac{d^2X_i}{du^2}\right)^2 \neq 0$$

sont vérifiées.

Ces propriétés subsistent lorsque l'on effectue un changement de variables.

Soient $x_1, \ldots, x_n$ un système de paramètres directeurs des tangentes à la courbe C; on a

$$\frac{dX_i}{du} = h x_i \qquad (i = 1, 2, \ldots, n).$$

On en déduit

$$\sum x_i^2 = 0, \qquad \sum \left(\frac{d^2X_i}{du^2}\right)^2 = h^2 \sum \left(\frac{dx_i}{du}\right)^2.$$

Les conditions indiquées sont équivalentes à

$$\sum x_i^2 = 0; \qquad \sum \left(\frac{dx_i}{du}\right)^2 \neq 0.$$

Un point M de la développable engendrée par les tangentes à la courbe C a pour coordonnées

$$Y_i = X_i + \rho x_i.$$

On voit facilement que

$$ds^2 = \sum dY_i^2 = \rho^2 \sum dx_i^2 = \rho^2 U^2 du^2, \qquad U^2 = \sum \left(\frac{dx_i}{du}\right)^2.$$

Le ds^2 de la développable est un carré parfait.

Proposons-nous de déterminer les courbes isotropes :

Dans le plan n'existent que des droites isotropes.

Dans l'espace à trois dimensions, la relation

$$x_1^2 + x_2^2 + x_3^2 = 0$$

peut s'écrire

$$x_1^2 + (x_2 - ix_3)(x_2 + ix_3) = 0.$$

On peut choisir la variable indépendante et les paramètres directeurs de telle manière que l'on ait

$$x_1 = u, \qquad x_2 - ix_3 = 1, \qquad x_2 + ix_3 = -u^2.$$

On en déduit

$$x_1 = u, \qquad x_2 = \frac{1}{2}(1 - u^2), \qquad x_3 = \frac{i}{2}(1 + u^2);$$

ces quantités satisfont à l'équation différentielle

$$\frac{d^3x}{du^3} = 0.$$

On peut donc écrire

$$X_i = P x_i + P_1 \frac{dx_i}{du} + P_2 \frac{d^2 x_i}{du^2}$$

et par suite

$$\frac{dX_i}{du} = x_i \frac{dP}{du} + \left(P + \frac{dP_1}{du}\right)\frac{dx_i}{du} + \left(P_1 + \frac{dP_2}{du}\right)\frac{d^2x_i}{du^2}.$$

Posant

$$P_2 = f(u),$$

on aura

$$P_1 = -f'(u), \qquad P = f''(u).$$

On obtient donc finalement

$$\begin{aligned} X_1 &= uf'' - f', \\ X_2 - iX_3 &= f'', \\ X_2 + iX_3 &= -u^2 f'' + 2uf' - 2f. \end{aligned}$$

Il est facile d'obtenir les coordonnées d'un point d'une courbe isotrope dans un espace d'ordre n.

Prenons $x_1 = u$, puis pour $x_2, x_3, \ldots, x_{n-2}$ des fonctions arbitraires de u. Déterminons ensuite x_{n-1}, x_n par les relations

$$x_{n-1} - i x_n = 1,$$
$$x_{n-1} + i x_n = -\sum_{i=1}^{i=n-2} x_i^2.$$

Les n quantités $x_1, x_2, \ldots, x_n$ satisfont à la relation

$$\sum_{i=1}^{i=n} x_i^2 = 0.$$

Toute courbe admettant ces quantités comme paramètres directeurs des tangentes est isotrope.

Inversement toute courbe isotrope peut être obtenue par cette méthode. Sa détermination fait intervenir $(n-2)$ fonctions arbitraires de u

$$x_2, x_3, \ldots, x_{n-2}\text{P}.$$

La courbe est algébrique si toutes ces fonctions sont algébriques.

Courbes I² (deux fois isotropes). — Un point M décrit une courbe deux fois isotrope si l'on a les relations

$$\sum \left(\frac{dX_i}{du}\right)^2 = 0, \qquad \sum \left(\frac{d^2X_i}{du^2}\right)^2 = 0, \qquad \sum \left(\frac{d^3X_i}{du^3}\right)^2 \neq 0.$$

Si l'on fait intervenir les paramètres directeurs de la tangente, ces relations sont équivalentes à

$$\sum x_i^2 = 0, \qquad \sum \left(\frac{dx_i}{du}\right)^2 = 0, \qquad \sum \left(\frac{d^2x_i}{du^2}\right)^2 \neq 0.$$

Proposons-nous de déterminer toutes les courbes doublement isotropes. Soit C une de ces courbes située dans un espace d'ordre n. On peut choisir les paramètres directeurs de la tangente de telle manière que l'on ait

$$x_{n-1} - i x_n = 1;$$

on voit alors que

$$x_{n-1} + i x_n = - \sum_{i=1}^{i=n-2} x_i^2,$$

$$\sum_{i=1}^{i=n-2} \left(\frac{dx_i}{du}\right)^2 = 0,$$

$$\sum_{i=1}^{i=n-2} \left(\frac{d^2 x_i}{du^2}\right)^2 \neq 0.$$

Il en résulte donc que le point de coordonnées $x_1, x_2, \ldots, x_{n-2}$ décrit, dans un espace d'ordre $(n-2)$, une courbe simplement isotrope.

Inversement, connaissant une courbe simplement isotrope dans un espace d'ordre $(n-2)$, on pourra déduire une courbe doublement isotrope dans un espace d'ordre n par la méthode indiquée. Les quantités $x_1, x_2, \ldots, x_n$ paramètres directeurs des tangentes étant connus, la détermination de la courbe fera intervenir une fonction P arbitraire. Il en résulte que dans un espace d'ordre n la détermination d'une courbe I^2 dépend de $(n-3)$ fonctions arbitraires. La courbe est algébrique si toutes ces fonctions sont algébriques.

D'autre part, il résulte de l'étude précédente qu'une courbe doublement isotrope ne peut exister que dans un espace d'ordre au moins égal à 5.

La méthode employée au paragraphe précédent conduit facilement aux résultats suivants :

Le ds^2 de la développable engendrée par les tangentes à une courbe I^2 est identiquement nul. Toute courbe tracée sur la développable est I, exception faite pour l'arête de rebroussement.

Le ds^2 de la variété des 1-plans osculateurs est un carré parfait.

Les 1-plans osculateurs à la courbe sont des 1-plans I^2.

Courbes I^p (p fois isotropes). — Un point M décrit une courbe p fois isotrope lorsque

$$\sum \left(\frac{dX_i}{du}\right)^2 = 0, \quad \sum \left(\frac{d^2 X_i}{du^2}\right)^2 = 0, \quad \ldots,$$

$$\sum \left(\frac{d^p X_i}{du^p}\right)^2 = 0, \quad \sum \left(\frac{d^{p+1} X_i}{du^{p+1}}\right)^2 \neq 0.$$

Si l'on désigne par x les paramètres directeurs de la tangente, ces relations sont équivalentes à

$$\sum x_i^2 = 0, \quad \sum \left(\frac{dx_i}{du}\right)^2 = 0, \quad \ldots,$$
$$\sum \left(\frac{d^{p-1}x_i}{du^{p-1}}\right)^2 = 0, \quad \sum \left(\frac{d^p x_i}{du^p}\right)^2 \neq 0.$$

En raisonnant comme au paragraphe précédent, on voit que l'on déduit d'une courbe I^{p-1} située dans un espace d'ordre $n-2$, une courbe I^p située dans un espace d'ordre n.

Il en résulte qu'une courbe I^p dépend de $n-p-1$ fonctions arbitraires et ne peut exister que dans un espace d'ordre au moins égal à $(2p+1)$.

La développable engendrée par les tangentes. Les variétés formées par l'ensemble des points situés dans le 1-plan osculateur, dans le 2-plan osculateur, etc., dans le $(p-2)$-plan osculateur, ont un ds^2 nul.

Le ds^2 de la variété formée par l'ensemble des points du $(p-1)$-plan osculateur est un carré parfait.

Toute courbe tracée sur la développable engendrée par les tangentes d'une courbe I^p est I^{p-1}, exception faite pour l'arête de rebroussement.

Toute courbe tracée dans le 1-plan osculateur d'une courbe I^p est I^{p-2}, etc.

Les $(p-1)$-plans osculateurs d'une courbe I^p sont I^p.

Détermination géométrique des courbes isotropes. — On peut former, en partant d'une courbe ordinaire, toutes les courbes isotropes.

Soit C une courbe ordinaire. La développée correspondant à une normale isotrope est I. Le 1-plan formé par deux normales isotropes rectangulaires qui engendrent une développable est I^2 et est par suite le 1-plan osculateur d'une courbe I^2, etc.

Il est encore possible de rattacher la théorie des courbes isotropes à celle des courbes applicables.

Si une courbe $C(X_1; \ldots, X_n)$ est applicable au $p^{\text{ième}}$ ordre sur une courbe $\Gamma(Y_1, \ldots, Y_m)$, le point de coordonnées

$$X_1, \ \ldots, \ X_n; \quad iY_1, \ \ldots, \ iY_m$$

décrit, dans un espace d'ordre $m+n$, une courbe p fois isotrope.

Courbes singulières. — Si une courbe située dans un espace d'ordre n est la projection d'une courbe située dans un espace d'ordre $(n+q-1)$ possédant une propriété H, on dit que cette courbe est qH.

Une courbe pI_p dans un espace d'ordre n sera la projection d'une courbe I_p d'un espace d'ordre $(n+p-1)$.

Une courbe ordinaire est toujours

$$2I,\quad 3I,\quad \ldots;\quad 3I^2,\quad 4I^2,\quad \ldots;\quad 4I^3,\quad 5I^3,\quad \ldots,$$
$$(p+1)I_p,\quad (p+2)I_p,\quad \ldots.$$

Nous sommes amenés ainsi à envisager les courbes singulières

$$\begin{array}{llll} 2I^2, & & & \\ 2I^3, & 3I^3, & & \\ \ldots, & \ldots, & \ldots, & \\ 2I^p, & 3I^p, & \ldots, & pI^p. \end{array}$$

Applications. Réseaux de translation applicables. — Considérons deux courbes isotropes C, Γ de l'espace ordinaire, décrites par les points

(M) $X_1(u),\quad X_2(u),\quad X_3(u);$

(N) $Y_1(v),\quad Y_2(v),\quad Y_3(v).$

Les six fonctions X, Y considérées satisfont aux relations

$$\frac{\partial^2 \theta}{\partial u\, \partial v} = 0,$$
$$dX_1^2 + dX_2^2 + dX_3^2 + dY_1^2 + dY_2^2 + dY_3^2 = 0.$$

Effectuons maintenant sur ces six fonctions une substitution orthogonale à coefficients constants. On obtient ainsi six fonctions nouvelles $Z_1, Z_2, \ldots, Z_6$ et l'on a

$$\frac{\partial^2 Z}{\partial u\, \partial v} = 0,$$
$$\sum_{i=1}^{i=6} dZ_i^2 = 0.$$

Il en résulte que les points

$$P\begin{cases}T_1 = Z_1,\\ T_2 = Z_2,\\ T_3 = Z_3,\end{cases}\qquad Q\begin{cases}U_1 = iZ_4,\\ U_2 = iZ_5,\\ U_3 = iZ_6,\end{cases}$$

décrivent deux réseaux de translation applicables.

Tous les réseaux de translation applicables peuvent être obtenus par cette méthode.

Réseaux applicables formés d'une série de courbes planes. — Considérons deux courbes trois fois isotropes

$$C[X_1(u), \ldots, X_7(u)], \quad C'[X'_1(v), \ldots, X'_7(v)]$$

et désignons par Y_i, Y'_i les expressions

$$\begin{aligned} Y_i &= X_i + p_1 x_i + p_2 \frac{dx_i}{du} \\ Y'_i &= X'_i + p'_1 x'_i + p'_2 \frac{dx'_i}{dv} \end{aligned} \qquad (i = 1, 2, \ldots, 7),$$

où p_1, p_2, p'_1, p'_2 sont des fonctions arbitraires de u et de v.

On a

$$\Sigma\, dY_i^2 = 0, \qquad \Sigma\, dY_i'^2 = 0.$$

Si l'on effectue sur les quantités une substitution orthogonale à coefficients constants, on obtient de nouvelles fonctions Z qui vérifient la relation

$$\Sigma\, dZ_i^2 = 0.$$

Déterminons les fonctions p_1, p'_1, p_2, p'_2 par les relations

$$Z_7 + iZ_8 = 0, \qquad Z_9 + iZ_{10} = 0, \qquad Z_{11} + iZ_{12} = 0, \qquad Z_{13} + iZ_{14} = 0.$$

La relation précédente s'écrit alors

$$dZ_1^2 + dZ_2^2 + dZ_3^2 + dZ_4^2 + dZ_5^2 + dZ_6^2 = 0.$$

Les points

$$M(Z_1, Z_2, Z_3), \quad N(iZ_4, iZ_5, iZ_6)$$

décrivent des surfaces applicables, rapportées à leur réseau conjugué commun.

Si la substitution orthogonale est telle que l'on puisse prendre

$$\begin{aligned} Z_1 &= Y_1, & Z_2 &= Y_2, & Z_3 &= Y_3, \\ iZ_4 &= Y'_1, & iZ_5 &= Y'_2, & iZ_6 &= Y'_3, \end{aligned}$$

le point M décrit, lorsque u est fixe, une courbe plane. Il en est de même du point N lorsque v est fixe.

Ce raisonnement est équivalent au raisonnement géométrique suivant :

Le point P_1 commun aux 1-plans osculateurs à deux courbes C_1, C'_1 situées dans un espace d'ordre 4, décrit un réseau.

Soient C_2, C'_2 deux courbes de l'espace ordinaire applicables au troisième ordre sur les courbes C_1, C'_1.

L'application fait correspondre à un point P_1 un point M du 1-plan osculateur de C_2, et un point N du 1-plan osculateur de Γ_2.

Les points M, N décrivent alors deux réseaux applicables, ces deux réseaux étant applicables sur le réseau décrit par le point P.

Systèmes triples orthogonaux. — Considérons trois courbes isotropes de l'espace

$$C_1[X_1(u), X_2, X_3], \quad C'_1[X'_1(v), X'_2, X'_3], \quad C''_1[X''_1(w), X''_2, X''_3],$$

et désignons par Y_i, Y'_i, Y''_i les expressions

$$\begin{aligned} Y_i &= X_i + p\, x_i \\ Y'_i &= X'_i + p'\, x'_i \qquad (i = 1, 2, 3), \\ Y''_i &= X''_i + p''\, x''_i \end{aligned}$$

où p, p', p'' sont des fonctions arbitraires de u, v, w.

On a

$$\Sigma\, dY_i^2 = p^2 U^2\, du^2, \qquad \Sigma\, dY_i'^2 = p'^2 V^2\, dv^2, \qquad \Sigma\, dY_i''^2 = p''^2 W^2\, dw^2,$$

U, V, W étant des fonctions de u, de v, de w.

Effectuons sur ces quantités une substitution orthogonale à coefficients constants. Soient Z les fonctions nouvelles obtenues. On aura

$$\Sigma\, dZ^2 = p^2 U^2\, du^2 + p'^2 V^2\, dv^2 + p''^2 W^2\, dw^2.$$

Si l'on détermine les fonctions p, p', p'' par les relations

$$Z_4 + iZ_5 = 0, \qquad Z_6 + iZ_7 = 0, \qquad Z_8 + iZ_9 = 0,$$

on obtient

$$dZ_1^2 + dX_2^2 + dZ_3^2 = p^2 U^2 du^2 + p'^2 V^2 dv^2 + p''^2 W^2 dw^2.$$

Le point de coordonnées Z_1, Z_2, Z_3 décrit un système triple orthogonal.

En particulier si l'on prend

$$Z_1 = Y_1, \qquad Z_2 = Y'_1, \qquad Z_3 = Y''_1,$$
$$Y_2 + iY'_3 = 0, \qquad Y'_2 + iY''_3 = 0, \qquad Y''_2 + iY_3 = 0.$$

on obtient un système triple orthogonal dans lequel les trois séries de courbes de Lamé ont des courbes planes.

On a en effet la relation

$$X_2 + \frac{x_2}{x_1}(Z_1 - X_1) + i\left[X'_3 + \frac{x'_3}{x'_1}(Z_2 - X'_1)\right] = 0,$$

qui montre que si u et v sont constants, le point de coordonnées Z_1, Z_2, Z_3 décrit une courbe située dans un plan parallèle au troisième axe de coordonnées.

CHAPITRE V.

INVARIANTS DIFFÉRENTIELS.

Étant donnée une courbe C située dans un espace d'ordre n, les expressions

$$A_0 = \sum x^2, \qquad A_1 = \sum \left(\frac{dx}{du}\right)^2, \qquad \ldots, \qquad A_{n-1} = \sum \left(\frac{d^{n-1}x}{du^{n-1}}\right)^2$$

restent invariables lorsque l'on effectue sur les quantités X une substitution orthogonale à coefficients constants.

Nous nous proposerons tout d'abord, supposant données les n fonctions A, de déterminer les fonctions x correspondantes.

Les fonctions x étant linéairement indépendantes peuvent être considérées comme un système de solutions d'une équation différentielle d'ordre n,

$$\text{(1)} \qquad \frac{d^n x_n}{du^n} = P_0 x + P_1 \frac{dx}{du} + P_2 \frac{d^2 x}{du^2} + \ldots + P_{n-1} \frac{d^{n-1}x}{du^{n-1}},$$

dans laquelle $P_0, P_1, \ldots, P_{n-1}$ sont des fonctions de la variable u.

Montrons que ces n fonctions P sont déterminées en fonction de A_0, $A_1, \ldots, A_n$.

Si l'on remplace dans l'équation précédente x successivement par $x_1, \ldots, x_n$ et que l'on ajoute les équations obtenues après multiplication par des facteurs convenables, on obtient les égalités

$$\begin{aligned}
&\sum x\frac{d^n x}{du^n} = P_0\sum x^2 + P_1\sum x\frac{dx}{du} + \ldots + P_{n-1}\sum x\frac{d^{n-1}x}{du^{n-1}},\\
&\sum \frac{dx}{du}\frac{d^n x}{du^n} = P_0\sum x\frac{dx}{du} + P_1\sum\left(\frac{dx}{du}\right)^2 + \ldots + P_{n-1}\sum\frac{dx}{du}\frac{d^{n-1}x}{du^{n-1}},\\
&\ldots\ldots\ldots\ldots\ldots\ldots\ldots\ldots\ldots\ldots\ldots\ldots,\\
&\sum\frac{d^{n-1}x}{du^{n-1}}\frac{d^n x}{du^n} = P_0\sum x\frac{d^{n-1}x}{du^{n-1}} + P_1\sum\frac{dx}{du}\frac{d^{n-1}x}{du^{n-1}} + \ldots + P_{n-1}\sum\left(\frac{d^{n-1}x}{du^{n-1}}\right)^2,
\end{aligned}$$

qui forment un système de n équations linéaires du premier degré qui permettent de calculer $P_0, P_1, \ldots, P_{n-1}$, car le déterminant des inconnues est le carré du déterminant

$$\left\| x_i \quad \frac{dx_i}{du} \quad \cdots \quad \frac{d^{n-1}x_i}{du^{n-1}} \right\|$$

qui est différent de zéro.

On vérifie de plus que, par différentiation des fonctions A, on peut calculer tous les coefficients des n équations précédentes.

Proposons-nous maintenant de former les solutions y de l'équation différentielle telles que

$$A_0 = \sum y^2, \qquad \ldots, \qquad A_{n-1} = \sum\left(\frac{d^{n-1}y}{du^{n-1}}\right)^2.$$

Si l'on pose

$$a_{ik} = a_{ki} = \sum\frac{d^{i-1}x}{du^i}\frac{d^{k-1}x}{du^k} \qquad (i+k \leqq n+1),$$

le déterminant des inconnues s'écrit

$$\Delta_{n-1} = \begin{vmatrix} a_{11} & a_{12} & \ldots & a_{1n}\\ a_{21} & a_{22} & \ldots & a_{2n}\\ \ldots & \ldots & \ldots & \ldots\\ a_{n1} & a_{n2} & \ldots & a_{nn}\end{vmatrix}.$$

Les coefficients a_{ik} de ce déterminant satisfont aux relations suivantes :

$$(2)\quad \left\{\begin{aligned} \frac{da_{ik}}{du} &= a_{i+1,k} + a_{i,k+1} \qquad \text{si } i < n \text{ et } k < n,\\ \frac{da_{nk}}{du} &= P_0 a_{1k} + P_1 a_{2k} + \ldots + P_{n-1} a_{nk} + a_{n,k+1} \qquad (k < n),\\ \frac{da_{nn}}{du} &= 2(P_0 a_{1n} + P_1 a_{2n} + \ldots + P_{n-1} a_{nn}). \end{aligned}\right.$$

Ces formules sont vérifiées quelles que soient les fonctions de u choisies.

Soient maintenant $y_1, y_2, \ldots, y_n$ un système de n solutions linéairement indépendantes de l'équation différentielle (1)

Désignons par θ_{ik} l'expression

$$\theta_{ik} = \sum \frac{d^{i-1}y}{dx^{i-1}} \frac{d^{k-1}y}{dx^{k-1}} - a_{ik},$$

on obtient en faisant varier i, k de 1 à n, $\frac{n(n+1)}{2}$ fonctions de u qui satisfont à un système d'équations différentielles, qui se déduit du système (2) en remplaçant les fonctions a par les fonctions θ correspondantes.

Si les fonctions $P_0, P_1, \ldots, P_n$ sont régulières au voisinage de $u = 0$, ce système admet une solution telle que les expressions θ_{ik} prennent des valeurs données pour $u = 0$. Si ces valeurs initiales sont toutes nulles, les expressions θ_{ik} sont constamment nulles.

Désignons par $z_1, z_2, \ldots, z_n$ le système de solutions particulières de (1) telles que l'on ait pour $u = 0$

$$\begin{array}{llll} z_1(0) = 1, & \left(\frac{dz_1}{du}\right)_0 = 0, & \ldots, & \left(\frac{d^{n-1}z_1}{du^{n-1}}\right)_0 = 0,\\ z_2(0) = 0, & \left(\frac{dz_2}{du}\right)_0 = 1, & \ldots, & \left(\frac{d^{n-1}z_2}{du^{n-1}}\right)_0 = 0,\\ \ldots\ldots, & \ldots\ldots, & \ldots, & \ldots\ldots,\\ z_n(0) = 0, & \left(\frac{dz_n}{du}\right)_0 = 0, & \ldots, & \left(\frac{d^{n-1}z_n}{du^{n-1}}\right)_0 = 1. \end{array}$$

Tout système de solutions de (1) pourra s'exprimer par les formules

$$y_l = \lambda_{l1} z_1 + \lambda_{l2} z_2 + \ldots + \lambda_{ln} z_n \qquad (l = 1, 2, \ldots, n),$$

et l'on aura

$$y_l(0) = \lambda_{l1}, \qquad \left(\frac{d^i y_l}{du^i}\right)_0 = \lambda_{li} \qquad (i = 1, 2, \ldots, n-1).$$

Dans ces conditions, si l'on a

$$\alpha_{ik} = a_{ik}(0),$$

on obtiendra

$$\theta_{i,k}(0) = \lambda_{1i}\lambda_{1k} + \lambda_{2i}\lambda_{2k} + \ldots + \lambda_{ni}\lambda_{nk} - \alpha_{ik}.$$

La détermination des solutions y telles que les expressions θ_{ik} soient constamment nulles reviendra par suite à la recherche d'un déterminant

$$D = \| \lambda_{i1} \quad \lambda_{i2} \quad \ldots \quad \lambda_{in} \|$$

tel que l'on ait

$$D^2 = \delta_{n-1},$$

où δ_{n-1} représente le déterminant

$$\delta_{n-1} = \| \alpha_{i1} \quad \alpha_{i2} \quad \ldots \quad \alpha_{in} \|.$$

On peut d'ailleurs déterminer directement les fonctions y. Il suffit de remarquer que l'on a

$$y_1^2 + y_2^2 + \ldots + y_n^2 = \sum\sum \alpha_{in} z_i z_k,$$

et que la décomposition toujours possible de la forme quadratique du second membre en une somme de n carrés indépendants, fournira l'expression des quantités y en fonction linéaire de z.

Ces expressions fourniront une solution y.

La décomposition précédente étant possible d'une infinité de manières, il sera possible de déterminer une infinité de solutions du problème. Nous allons montrer que toutes ces solutions se déduisent de l'une d'elles par une substitution orthogonale à coefficients constants.

Il est évident que, effectuant une substitution orthogonale sur un système de valeurs $x_1, \ldots, x_n$ solution du problème, on obtient une solution nouvelle.

Nous allons montrer que si la substitution linéaire effectuée sur les quantités x n'est pas une substitution orthogonale, on ne peut obtenir une nouvelle solution.

Désignons par y les nouvelles expressions obtenues. On devra avoir

$$\sum y^2 - \sum x^2 = 0, \quad \sum\left(\frac{dy}{du}\right)^2 - \sum\left(\frac{dx}{du}\right)^2 = 0, \quad \ldots,$$

$$\sum\left(\frac{d^{n-1}y}{du^{n-1}}\right)^2 - \sum\left(\frac{d^{n-1}x}{du^{n-1}}\right)^2 = 0.$$

Les expressions considérées sont des formes quadratiques en x, $\frac{dx}{du}$, $\frac{d^{n-1}x}{du}$. Elles ne sont pas identiquement nulles et peuvent, par suite, être mises sous forme d'une somme de p carrés indépendants $p \leqq n$. En désignant par Z_1, Z_2, ..., Z_p les formes linéaires obtenues, on aura

$$\sum Z^2 = 0, \qquad \sum \left(\frac{dZ}{du}\right)^2 = 0, \qquad \dots, \qquad \sum \left(\frac{d^{n-1}Z}{du}\right)^2 = 0.$$

Les quantités Z détermineraient une courbe n fois isotrope dans un espace d'ordre $p \leqq n$, ce qui est impossible.

Invariants absolus. — Un invariant absolu est une expression qui ne change pas :

1° Lorsque l'on effectue sur les quantités x une substitution orthogonale à coefficients constants;

2° Lorsque l'on multiplie les quantités x par un même facteur λ;

3° Lorque l'on effectue un changement de variable.

Nous allons montrer comment l'on peut, en partant du déterminant Δ_{n-1}, former des invariants absolus.

Désignons par Δ_{p-1} le déterminant

$$\Delta_{p-1} = \begin{vmatrix} a_{11} & a_{12} & \dots & a_{1p} \\ a_{21} & a_{22} & \dots & a_{2p} \\ \dots & \dots & \dots & \dots \\ a_{p1} & a_{p2} & \dots & a_{pp} \end{vmatrix}.$$

On a

$$\Delta_0 = A_0, \qquad \Delta_1 = \begin{vmatrix} A_0 & \frac{1}{2}A'_0 \\ \frac{1}{2}A'_0 & A_1 \end{vmatrix} = A_0A_1 - \frac{1}{4}A'^2_0,$$

$$\Delta_1 = \begin{vmatrix} A_0 & \frac{1}{2}A'_0 & \frac{1}{2}A''_0 - A_1 \\ \frac{1}{2}A'_1 & A_1 & \frac{1}{2}A'_1 \\ \frac{1}{2}A''_0 - A_1 & \frac{1}{2}A'_1 & A_2 \end{vmatrix}, \qquad \dots.$$

D'une manière générale Δ_{p-1} s'exprimera en fonction de A_0, A_1, ...,

A_{p-1} et de leurs dérivées. Les déterminants ainsi formés ne changent pas dans la première opération indiquée.

Effectuons la seconde opération. Si l'on désigne par $[\Delta_p]$ la valeur obtenue pour Δ_p, on voit aisément que

$$[\Delta_0] = \lambda^2 \Delta_0, \quad [\Delta_1] = \lambda^4 \Delta_1, \quad [\Delta_2] = \lambda^6 \Delta_2, \quad \ldots, \quad [\Delta_{p-1}] = \lambda^{2p} \Delta_{p-1}.$$

Avec les mêmes notations la troisième opération donne, en désignant par $f(u) = \frac{du}{du_1}$, l'opération qui caractérise le changement de variable

$$[\Delta_0] = \Delta_0, \quad [\Delta_1] = f^2 \Delta_1, \quad [\Delta_2] = f^6 \Delta_2, \quad \ldots, \quad [\Delta_{p-1}] = f^{p(n-1)} \Delta_{p-1}.$$

Pour obtenir des invariants absolus, on formera des combinaisons des éléments Δ de degré zéro en λ et f.

On obtiendra par exemple les invariants absolus

$$\Delta_2 \left(\frac{\Delta_0}{\Delta_1}\right)^3, \quad \frac{\Delta_3}{(\Delta_1)^6} \Delta_0^8, \quad \ldots.$$

Si la courbe est ordinaire ces invariants représentent, en désignant par a_1, a_2 les deux premières courbures, le premier a_1^2, le second $a_1^4\, a_2^2$. Ils permettent donc de calculer ces courbures.

Courbes singulières. — Si l'on considère une courbe I^p (p fois isotrope), on a les relations

$$A_0 = A_1 = A_2 = \ldots = A_{p-1} = 0 \qquad (A_p \neq 0).$$

Montrons que dans ces conditions les relations

$$\Delta_0 = \Delta_1 = \Delta_2 = \ldots = \Delta_{2p-1} = 0 \qquad (\Delta_{2p} \neq 0)$$

sont vérifiées.

Supposons en effet que l'on ait $\Delta_q \neq 0$, $q < 2p$. On peut alors déterminer $q+1$ fonctions $y_1, y_2, \ldots, y_{q+1}$, telles qu'elles vérifient les égalités

$$\sum y^2 = 0, \quad \sum \left(\frac{dy}{du}\right)^2 = 0, \quad \sum \left(\frac{d^{k-1} y}{du^{k-1}}\right)^2 = 0, \quad k = \begin{matrix} p \\ q \end{matrix} \text{ suivant } q \begin{matrix} \leqq p, \\ > p. \end{matrix}$$

Cette détermination est impossible. Une courbe k fois isotrope ne peut exister dans un espace d'ordre inférieur à $2k+1$.

Cette propriété résultera aussi de l'étude des premiers éléments du déterminant Δ_{n-1}. On voit facilement en effet qu'ils se présentent sous la forme suivante :

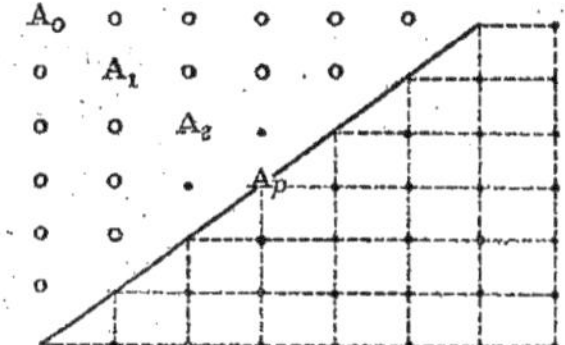

Tous les termes du tableau sont nuls, sauf ceux qui se trouvent sur la diagonale passant par A_p et qui sont égaux à A_p en valeur absolue. On obtient

$$\Delta_p = -(A_p)^{2p+1}.$$

Supposons maintenant que l'on se donne

$$\Delta_0, \quad \Delta_1, \quad \ldots, \quad \Delta_{p-1} \neq 0,$$

et que l'on ait

$$\Delta_p = 0.$$

Tous les éléments de Δ_p sauf A_p s'expriment en fonction de A_1, A_2, ..., A_{p-1}. On peut écrire

$$\Delta_p = A_p \Delta_{p-1} + R_{p-1} = 0.$$

Il est alors facile de préciser la valeur de A_p.

Déterminons en effet p fonctions y satisfaisant aux relations

$$\sum y^2 = A_0, \qquad \sum \left(\frac{dy}{du}\right)^2 = A_1, \qquad \ldots, \qquad \sum \left(\frac{d^{p-1} y}{du^{p-1}}\right)^2 = A_{p-1}.$$

La valeur cherchée sera

$$A_p = \sum \left(\frac{d^p y}{du^p}\right)^2,$$

car cette valeur annule Δ_p. Il n'y en a pas d'autre.

Nous supposerons en outre que l'on ait

$$A_{p+1} = \sum \left(\frac{d^{p+1} y}{du^{p+1}}\right)^2,$$

$$\ldots\ldots\ldots\ldots\ldots\ldots\ldots\ldots,$$

$$A_{p+q-1} = \sum \left(\frac{d^{p+q-1} y}{du^{p+q-1}}\right)^2,$$

$$A_{p+q} \neq \sum \left(\frac{d^{p+q} y}{du^{p+q}}\right)^2.$$

Dans ces conditions les q déterminants Δ_p, Δ_{p+1}, ..., Δ_{p+q-1} seront nuls. Nous montrerons tout d'abord qu'il en est de même des déterminants Δ_{p+q}, Δ_{p+q+1}, ..., Δ_{p+2q-1}.

En effet supposons que l'un des déterminants de cette suite Δ_r soit différent de zéro. On pourra déterminer $r+1$ fonctions z_1, z_2, ..., z_{r+1} telles que

$$\sum z^2 = A_0 = \sum y^2, \quad \sum\left(\frac{dz}{du}\right)^2 = A_1 = \sum\left(\frac{dy}{du}\right)^2, \quad \ldots,$$
$$\sum\left(\frac{d^{p+q-1}z}{du^{p+q-1}}\right)^2 = A_{p+q-1} = \sum\left(\frac{d^{p+q-1}y}{du^{p+q-1}}\right)^2,$$
$$\sum\left(\frac{d^{p+q}z}{du^{p+q}}\right)^2 = A_{p+q}, \quad \ldots, \quad \sum\left(\frac{d^r z}{du^r}\right)^2 = A_r.$$

Les quantités z, iy définiraient ainsi dans un espace d'ordre $r+p+1$ les paramètres des tangentes d'une courbe I^{p+q} ($p+q$ fois isotrope).

On devrait donc avoir

$$r+p+1 \geqq 2(p+q)+1,$$

ce qui est impossible puisque r est un des nombres de la suite

$$p+q, \quad p+q+1, \quad \ldots, \quad p+2q-1.$$

Nous montrerons enfin que l'on a

$$\Delta_{p+2q} \neq 0,$$

quelles que soient les valeurs de A_{p+q+1}, ..., A_{p+2q}.

Des égalités précédentes on déduit

$$\sum \frac{d^\alpha x}{du^\alpha}\frac{d^\beta x}{du^\beta} = \sum \frac{d^\alpha y}{du^\alpha}\frac{d^\beta y}{du^\beta} \quad \text{si } \alpha+\beta \leqq 2(p+q)-1.$$

Soit

$$\frac{d^p y}{du^p} = B_0 y + B_1 \frac{dy}{du} + \ldots + B_{p-1}\frac{d^{p-1}y}{du^{p-1}}$$

l'équation différentielle à laquelle satisfont les quantités y.

On pourra poser

$$\frac{d^p x_k}{du^p} = B_0 x_k + B_1 \frac{dx_k}{du} + \ldots + B_{p-1}\frac{d^{p-1}x_k}{du^{p-1}} + \xi_k.$$

On détermine aussi n fonctions

$$\xi_1, \quad \xi_2, \quad \ldots, \quad \xi_n,$$

qui satisfont aux relations suivantes :

$$\sum \frac{d^\alpha \xi}{du^\alpha} \frac{d^\beta x}{du^\beta} = 0 \qquad (\alpha + \beta \leqq p + 2q - 1).$$

$$\sum \xi^2 = 0, \quad \sum \left(\frac{d\xi}{du}\right)^2 = 0, \quad \ldots, \quad \sum \left(\frac{d^{q-1}\xi}{du^{q-1}}\right)^2 = 0, \quad \sum \left(\frac{d^q \xi}{du^q}\right)^2 \neq 0,$$

$$\sum \frac{d^\alpha \xi}{du^\alpha} \frac{d^\beta \xi}{du^\beta} = 0 \qquad (\alpha + \beta \leqq 2q - 1).$$

Le déterminant Δ_{p+2q} peut être considéré comme le carré de l'un ou l'autre des tableaux rectangulaires

$$\left\| \begin{array}{ccc} x_1 & \ldots & x_n \\ \frac{dx_1}{du} & \ldots & \frac{dx_n}{du} \\ \frac{d^{p-1}x_1}{du^{p-1}} & \ldots & \frac{d^{p-1}x_n}{du^{p-1}} \\ \frac{d^{p+2q}x_1}{du^{p+2q}} & \ldots & \frac{d^{p+2q}x_n}{du^{p+2q}} \end{array} \right\| \qquad \left\| \begin{array}{ccc} x_1 & \ldots & x_n \\ \frac{dx_1}{du} & \ldots & \frac{dx_n}{du} \\ \frac{d^{p-1}x_1}{du^{p-1}} & \ldots & \frac{d^{p-1}x_n}{du} \\ \xi_1 & \ldots & \xi_n \\ \frac{d^{2q}\xi_1}{du^{2q}} & \ldots & \frac{d^{2q}\xi_n}{du^{2q}} \end{array} \right\|.$$

On voit donc qu'on peut l'écrire

$$\Delta_{p+2q} = \begin{array}{c} p \text{ éléments} \left\{ \begin{array}{c} \\ \\ \\ \\ \end{array} \right. \\ 2q+1 \text{ éléments} \left\{ \begin{array}{c} \\ \\ \\ \\ \end{array} \right. \end{array} \left| \begin{array}{c|c} \Delta_{p-1} & \begin{array}{cccc} 0 & \ldots & 0 & 0 \\ \vdots & \ldots & \vdots & \vdots \\ 0 & \ldots & 0 & 0 \\ 0 & \ldots & 0 & 0 \end{array} \\ \hline \begin{array}{cccccc} 0 & 0 & 0 & \ldots & 0 \\ 0 & 0 & 0 & \ldots & 0 \\ 0 & . & . & \ldots & . \\ 0 & 0 & 0 & \ldots & 0 \end{array} & \mathrm{B}_{2q} \end{array} \right| = \Delta_{p-1} \mathrm{B}_{2q}.$$

où B_{2q} est le déterminant différent de zéro correspondant à la courbe I^q définie par les n fonctions ξ.

Si l'on désigne par α la quantité

$$\sum \left(\frac{d^{p+q}x}{du^{p+q}}\right)^2 = \sum \left(\frac{d^{p+q}y}{du^{p+q}}\right)^2 + \alpha,$$

on voit que

$$\sum \left(\frac{d\xi^q}{du^q}\right)^2 = \alpha;$$

on obtient alors

$$B = -(\alpha)^{2q+1}.$$

Étude de la suite $\Delta_0, \Delta_1, \ldots, \Delta_{n-1}$. — La discussion précédente montre que la suite de déterminants considérée ne peut présenter qu'un nombre pair de déterminants nuls.

Il y aura donc à envisager le cas où ces déterminants nuls formeront une ou plusieurs suites.

Dans le cas d'une suite unique, on voit que les courbes correspondant à

$$\Delta_0, \quad \Delta_1, \quad \ldots, \quad \Delta_{p-1} \neq 0; \qquad \Delta_p = 0, \quad \Delta_{p+1} = 0, \quad \ldots; \\ \Delta_{p+2q-1} = 0, \qquad \Delta_{p+2q} \neq 0$$

sont des courbes $(p+1)\,\mathrm{I}^{p+q}$.

Les singularités qui existent dans les espaces d'ordre 4, 5, 6 sont les suivantes :

Espace d'ordre 4.

Δ_0.	Δ_1.	Δ_2.	$\Delta_3 \neq 0$.	
0	0	.	.	courbe I
.	0	0	.	» 2 I²

Espace d'ordre 5.

Δ_0.	Δ_1.	Δ_2.	Δ_3.	$\Delta_4 \neq 0$.	
0	0	.	.	.	courbe I
.	.	0	0	.	» 3 I³
0	0	0	0	.	courbe I²
.	0	0	.	.	» 2 I²

Espace d'ordre 6.

Δ_0.	Δ_1.	Δ_2.	Δ_3.	Δ_4.	$\Delta_5 \neq 0$.	
0	0	.	.	.	.	courbe I
.	.	.	0	0	.	» 4 I⁴
0	0	0	0	.	.	courbe I²
.	0	0	0	0	.	» 2 I³
.	0	0	.	.	.	courbe 2 I²
.	.	0	0	.	.	» 3 I³

Une courbe peut présenter plusieurs espèces de singularités dans le cas où plusieurs suites de déterminants seraient nulles.

Nous remarquerons seulement que le cas de deux suites nulles ne peut se produire que dans un espace d'ordre supérieur ou égal à 6. Le tableau précédent indique que l'on peut en effet avoir une courbe I, $4I^4$.

Enfin on peut interpréter le déterminant Δ_{p-1} comme le discriminant de la forme quadratique qui caractérise le ds^2 de l'ensemble des points du $(p-1)$-plan osculateur. Le $(p-1)$-plan d'une courbe sera ordinaire ou singulier suivant que l'on aura $\Delta_{p-1} \neq 0$ ou $\Delta_{p-1} = 0$.

Une transformation par orthogonalité des éléments qui fait correspondre à une courbe C une courbe c, fait correspondre dans un espace d'ordre n au $(p-1)$-plan osculateur C le $(n-p-1)$-plan osculateur de c. Les éléments correspondants sont ordinaires ou singuliers en même temps.

Il en résulte qu'à une courbe $(p+1)\,I^{p+q}$ dans l'espace d'ordre n, la loi d'orthogonalité fera correspondre une courbe

$$(n-p-2q)\,I^{n-(p+q+1)}.$$

Le tableau précédent a groupé les variétés de courbes qui sont orthogonales. Les autres variétés se correspondent à elles-mêmes dans la transformation.

CHAPITRE VI.

FAMILLES DE CERCLES.

Considérons dans un plan un cercle (C) dont le centre a pour coordonnées a_1, a_2 et dont le rayon est R. Nous lui ferons correspondre un système de quatre nombres, appelés coordonnées du cercle, définis par les relations

$$x_1 = \lambda a_1, \qquad x_3 + i x_4 = \lambda(a_1^2 + a_2^2 - R^2),$$
$$x_2 = \lambda a_2, \qquad x_3 - i x_4 = -\lambda,$$

où λ est un coefficient de proportionnalité.

On déduit de là que

$$x_1^2 + x_2^2 + x_3^2 + x_4^2 = \lambda^2 R^2.$$

Si R $\substack{\neq 0 \\ = 0}$ on a

$$\sum x^2 \substack{\neq 0, \\ = 0.}$$

L'équation du cercle C peut s'écrire

$$(x_3 - i x_4)(X_1^2 + X_2^2) + 2 x_1 X + 2 x_2 X_2 - (x_3 + i x_4) = 0.$$

Si $x_3 - i x_4 = 0$, le cercle se réduit à une droite.

Supposons $\Sigma x^2 \neq 0$, nous pourrons choisir le facteur λ de telle manière que

$$\sum x^2 = 1.$$

Choisissons

$$\lambda = \frac{1}{R}.$$

On aura

$$x_1 = \frac{a_1}{R}, \qquad x_2 = \frac{a_2}{R}, \qquad x_3 + i x_4 = \frac{a_1^2 + a_2^2 - R^2}{R}, \qquad x_3 - i x_4 = -\frac{1}{R}.$$

Inversement à un système de quatre nombres x_1, x_2, x_3, x_4 liés par la relation

$$\sum x^2 = 1,$$

on pourra faire correspondre un cercle défini par les relations

$$R = -\frac{1}{x_3 - i x_4}, \qquad a_1 = -\frac{x_1}{x_3 - i x_4}, \qquad a_2 = -\frac{x_2}{x_3 - i x_4},$$

si l'on suppose

$$x_3 - i x_4 \neq 0.$$

Dans le cas où l'on aurait $x_3 - i x_4 = 0$, on pourrait prendre

$$x_1 = \cos\theta, \qquad x_2 = \sin\theta;$$

on obtiendra alors la droite d'équation

$$2 \cos\theta X_1 + 2 \sin\theta Y_1 - (x_3 + i x_4) = 0.$$

Il est possible, d'après ce qui précède, de donner à λ deux valeurs opposées $\pm \frac{1}{R}$. Les valeurs correspondantes de x_1, x_2, x_3, x_4 seront opposées. On est amené ainsi à donner une valeur algébrique au rayon d'un cercle, et nous pourrons faire correspondre, suivant le signe choisi, un sens de déplacement déterminé sur le cercle.

En résumé, à quatre nombres x tels que $\Sigma x^2 \neq 0$ nous faisons correspondre un cercle orienté si

$$x_3 - i x_4 \neq 0;$$

une droite ordinaire si

$$x_3 - i x_4 = 0.$$

Si l'on a $\Sigma x^2 = 0$, on voit que l'on fait correspondre un cercle point si

$$x_3 - i x_4 \neq 0;$$

une droite isotrope si

$$x_3 - i x_4 = 0.$$

Interprétation géométrique. — L'angle de deux cercles orientés sera défini comme l'angle des tangentes orientées dans le sens du déplacement

$$d^2 = R^2 + R'^2 - 2RR' \cos V.$$

On voit facilement que l'on a

$$\cos V = x_1 y_1 + x_2 y_2 + x_3 y_3 + x_4 y_4,$$

en désignant par x, y les coordonnées des deux cercles, choisies de telle manière que l'on ait

$$\sum x^2 = 1, \qquad \sum y^2 = 1.$$

Aux systèmes de nombres

$$(1\ 0\ 0\ 0), \quad (0\ 1\ 0\ 0), \quad (0\ 0\ 1\ 0), \quad (0\ 0\ 0\ 1)$$

correspondent le deuxième et le premier axe de coordonnées et les cercles d'équations

$$x_1^2 + x_2^2 - 1 = 0,$$
$$x_1^2 + x_2^2 + 1 = 0,$$

qui forment un système de droites et de cercles deux à deux orthogonaux A_1, A_2, A_3, A_4.

Si A désigne le cercle de coordonnées x_1, x_2, x_3, x_4, on a

$$x_1 = \cos(A, A_1), \quad x_2 = \cos(A, A_2), \quad x_3 = \cos(A, A_3), \quad x_4 = \cos(A, A_4).$$

D'une façon plus générale, on peut faire correspondre à un système de quatre cercles deux à deux orthogonaux B_1, B_2, B_3, B_4 une substitution orthogonale et inversement, on peut alors prendre comme coordonnées d'un cercle X les quantités

$$\cos(X, B_1), \quad \cos(X, B_2), \quad \cos(X, B_3), \quad \cos(X, B_4).$$

On vérifie qu'une substitution orthogonale fait correspondre les coordonnées d'un même cercle relativement à deux systèmes différents.

La transformation revient, au point de vue géométrique, à la combinaison d'une inversion et d'un déplacement.

Interprétation dans un espace à quatre dimensions. — Considérons dans un espace à quatre dimensions la direction d'une droite D passant par l'origine de paramètres directeurs x_1, x_2, x_3, x_4. A cette droite nous pourrons faire correspondre un cercle du plan. Inversement à un cercle du plan correspondra une droite orientée. Changer le signe du rayon du cercle revient à changer le sens de la droite D.

Si D est une droite ordinaire on a un cercle réel ou imaginaire, ou une droite ordinaire. Si D est une droite isotrope on a un cercle point ou une droite isotrope.

L'angle de deux cercles C_1, C_2 est égal à l'angle des deux droites D_1, D_2 qui leur correspondent.

Aux cercles d'un faisceau correspondent les droites d'un 1-plan. Si le 1-plan est ordinaire il existe dans le faisceau deux cercles de rayon nul correspondant aux droites isotropes.

Si le 1-plan est $2I^2$, il existe une seule droite isotrope; toutes les droites du 1-plan lui sont perpendiculaires. Le faisceau est alors formé de cercles tangents.

Si le 1-plan est I^2 tous les cercles sont des cercles points, toutes les droites du 1-plan étant isotropes. Ces cercles auront leurs centres sur une droite isotrope.

Deux faisceaux de cercles orthogonaux correspondront à deux 1-plans orthogonaux.

Aux droites d'un 2-plan correspondront de même les cercles d'un réseau. Comme il existe une droite Δ perpendiculaire à toutes les droites d'un 2-plan, deux cas seront à envisager :

Si la droite Δ est ordinaire, le réseau est formé par l'ensemble des cercles orthogonaux à un cercle fixe.

Si la droite Δ est isotrope, on a l'ensemble des cercles passant par un point.

Famille de cercles. — A quatre fonctions x d'une variable u nous pouvons faire correspondre une famille de cercles (C) du plan. Il sera commode dans la suite de considérer ces fonctions comme les paramètres directeurs des tangentes à une courbe (Γ).

Soit M un point de Γ, C le cercle de centre ω qui correspond à la tangente MT. Au 1-plan osculateur en M correspond un faisceau de cercle que l'on peut définir à l'aide des cercles de coordonnées x, $\frac{dx}{du}$. Les points communs au cercle de ce faisceau seront les points II' où le cercle C touche son enveloppe. La droite II' est perpendiculaire à la tangente ωt à la courbe décrite par le centre ω.

De même au 2-plan osculateur en M correspond un réseau de cercle qui se définit à l'aide des cercles $x, \frac{dx}{du}, \frac{d^2x}{du^2}$. Soient ξ les coordonnées du cercle orthogonal à tous les cercles du réseau. On a

$$\sum \xi x = 0, \qquad \sum \xi \frac{dx}{du} = 0, \qquad \sum \xi \frac{d^2x}{du^2} = 0.$$

La courbe Γ_1 dont les paramètres directeurs des tangentes sont les quantités ξ, correspond à Γ par orthogonalité. Le cercle C_1 défini par les valeurs ξ a pour centre le point H de contact de II' avec son enveloppe.

La correspondance entre Γ et Γ_1 étant réciproque, la corde de contact du cercle C_1 avec son enveloppe est la tangente à la courbe, lieu du centre du cercle C.

Dans un espace d'ordre 4 existent des courbes O, I, $2I^2$. Il y aura donc trois espèces de familles de cercles que nous appellerons familles de cercles O, I, $2I^2$.

Nous indiquerons les propriétés spéciales des familles correspondant aux courbes singulières.

A une courbe isotrope Γ correspond une famille de cercles de points ω décrivant une courbe. La droite II' est la normale à la courbe. Le point H est le centre de courbure en ω.

Les cercles de centre H et de rayon Hω forment la famille de cercles osculateurs à la courbe considérée. Ces familles de cercle correspondent à une courbe Γ_1 orthogonale à la courbe Γ. La courbe Γ_1

est $2I^2$. Il résulte donc de là qu'à une courbe $2I^2$ située correspond la famille de cercles osculateurs à une courbe plane.

Cercles dérivés et cercles primitifs. — Soit (C) la famille de cercles correspondant aux tangentes à une courbe Γ. Si l'on considère la développable dont la courbe Γ est l'arête de rebroussement, à toute courbe Γ_1 tracée sur cette développable correspond une famille de cercles (C_1) appelée famille dérivée de (C).

Inversement la famille de cercles (C) est une famille de cercles primitifs de la famille (C_1). Elle correspond à une développable assemblée à la courbe Γ.

Des propriétés générales des courbes résultent immédiatement les propriétés suivantes :

Deux familles de cercles (C), (C′), primitives d'une même famille de cercles (C_1), sont dérivées d'une même famille de cercles (C'_1) et inversement.

Il est facile de préciser les relations géométriques qui lient les familles de cercles (C_1) et (C).

La tangente à une courbe tracée sur une développable étant située dans le 1-plan osculateur, un cercle C_1 fait partie du faisceau correspondant au 1-plan osculateur en M, à la courbe qui définit la famille de cercles (C). Il en résulte donc qu'un cercle C_1 passe par les points de contact II′ d'un cercle C avec son enveloppe, que la corde de contact KK′ d'un cercle C_1 avec son enveloppe passe par le point de contact H de II′ avec son enveloppe.

Inversement, connaissant une famille de cercles C_1, on peut définir géométriquement une famille de cercles C.

Analytiquement cette étude peut être faite de la manière suivante : Considérons le cône directeur engendré par les tangentes à la courbe Γ. Une génératrice de ce cône a pour paramètres les quantités x. A toute famille de cercles dérivés on pourra faire correspondre une fonction $\pi(u)$ telle que la tangente à la courbe décrite par le point de coordonnées $\frac{x}{\pi}$ définisse cette famille de cercles.

Supposons que la courbe Γ soit ordinaire. Les déterminants Δ_0, Δ_1, Δ_2, Δ_3 seront tels que

$$\Delta_0 \quad \Delta_1 \quad \Delta_2 \quad \Delta_3 \neq 0.$$

Si la fonction π est quelconque, la famille de cercles dérivés correspondante C_1 sera une famille ordinaire.

Comme $\Delta_1 \neq 0$, il sera possible de déterminer deux fonctions $\theta_1(u)$, $\theta_2(u)$ telles que l'on ait

$$\theta_1^2 + \theta_2^2 = \sum x^2,$$
$$\left(\frac{d\theta_1}{du}\right)^2 + \left(\frac{d\theta_2}{du}\right)^2 = \sum \left(\frac{dx}{du}\right)^2.$$

Si l'on prend pour π l'une des fonctions $\theta_1 \pm i\,\theta_2$, on obtient une famille I de cercles. Il est facile de vérifier que la tangente à la courbe décrite par le point de coordonnées $\frac{x}{\pi}$ est isotrope.

Enfin comme $\Delta_2 \neq 0$, il est possible de déterminer trois fonctions θ_1, θ_2, θ_3 telles que l'on ait

$$\sum \theta^2 = \sum x^2,$$
$$\sum \left(\frac{d\theta}{du}\right)^2 = \sum \left(\frac{dx}{du}\right)^2,$$
$$\sum \left(\frac{d^2\theta}{du^2}\right)^2 = \sum \left(\frac{d^2x}{du^2}\right)^2.$$

A une combinaison isotrope des fonctions θ_1, θ_2, θ_3 correspondra une famille de cercles dérivés $2I^2$. Ces cercles seront les cercles osculateurs d'une courbe. Il en existe une simple infinité.

En résumé, parmi les cercles dérivés d'une famille de cercles ordinaires, il existe :

a. Deux familles de cercles I ;

b. Une infinité simple de familles de cercles osculateurs à une courbe $2I^2$;

c. Toutes les autres familles de cercles sont ordinaires.

La loi d'orthogonalité montre que si deux courbes sont orthogonales, toute courbe tracée sur la développable engendrée par les tangentes à l'une, est orthogonale à toute développable assemblée à l'autre.

Il en résulte que parmi les familles de cercles primitives d'une famille de cercles ordinaires existent :

a. Deux familles de cercles $2I^2$;

b. Une infinité simple de familles de cercles I ;

c. Toutes les autres familles de cercles sont ordinaires.

On étudierait par la même méthode les cercles dérivés ou primitifs des familles I, $2I^2$.

Courbes anallagmatiques. — On appelle ainsi les courbes enveloppes de familles de cercles orthogonaux à un cercle fixe.

Il est toujours possible de supposer que ce cercle a pour coordonnées o, o, o, 1, les cercles orthogonaux correspondant aux fonctions $x_1(u)$, $x_2(u)$, $x_3(u)$, o. Les courbes Γ correspondantes seront des courbes de l'espace ordinaire.

Soient $\alpha_1, \alpha_2, \alpha_3$; $\beta_1, \beta_2, \beta_3$; $\gamma_1, \gamma_2, \gamma_3$ les cosinus directeurs des axes du trièdre de Serret attaché à la courbe. Aux nombres $\gamma_1, \gamma_2, \gamma_3, \pm i$ correspondent deux cercles points orthogonaux à tous les cercles du faisceau correspondant au 1-plan osculateur à la courbe Γ. Ces quatre nombres définissent les coordonnées des points où le cercle C correspondant de la famille touche son enveloppe.

Supposons en particulier que le cône directeur de la courbe Γ soit du second ordre. On aura

$$\frac{\alpha_1^2}{A_1} + \frac{\alpha_2^2}{A_2} + \frac{\alpha_3^2}{A_3} = 0,$$

et par suite

$$A_1\gamma_1^2 + A_2\gamma_2^2 + A_3\gamma_3^2 = 0.$$

Les coordonnées des points caractéristiques vérifieront donc les relations

$$X_1^2 + X_2^2 + X_3^2 + X_4^2 = 0,$$
$$A_1X_1^2 + A_2X_2^2 + A_3X_3^2 = 0,$$

qui définissent l'enveloppe.

Si l'on remarque que ces relations sont équivalentes aux relations

$$X_1^2 + X_2^2 + X_3^2 + X_4^2 = 0,$$
$$(A_1 - A_3)X_1^2 + (A_2 - A_3)X_2^2 + A_3X_4^2 = 0,$$

obtenues en éliminant X_3, on en déduit immédiatement que la courbe anallagmatique correspondante peut être engendrée de quatre manières différentes.

CHAPITRE VII.

FAMILLES DE SPHÈRES.

A une sphère S dont le centre a pour coordonnées a_1, a_2, a_3 et pour rayon R, nous ferons correspondre un système de cinq nombres appelés coordonnées, définis par les relations

$$\begin{aligned} x_1 &= \lambda a_1, \\ x_2 &= \lambda a_2, \\ x_3 &= \lambda a_3, \\ x_4 + i x_5 &= \lambda(a_1^2 + a_2^2 + a_3^2 - R^2), \\ x_4 - i x_5 &= -\lambda, \end{aligned}$$

λ étant un coefficient de proportionnalité.

On a

$$\sum_{i=1}^{i=5} x_i^2 = \lambda^2 R^2,$$

et par suite

$$\sum x^2 \underset{=\,0}{\neq 0},$$

suivant que $R \underset{=\,0}{\neq 0}$.

L'équation de la sphère S s'écrit

$$(x_4 - i x_5)(X_1^2 + X_2^2 + X_3^2) + 2 x_1 X_1 + 2 x_2 X_2 + 2 x_3 X_3 - (x_4 + i x_5) = 0.$$

Si $x_4 - i x_5 = 0$, la sphère se réduit à un plan.

Dans le cas où $\sum x^2 \neq 0$, on peut prendre

$$\sum x^2 = 1,$$

en choisissant pour le facteur λ l'une ou l'autre des quantités $\pm \frac{1}{R}$. On peut donner une valeur algébrique au rayon R.

L'angle de deux sphères définies par les coordonnées x, y sera exprimé par l'angle des rayons orientés dans le sens positif. On obtient facilement

$$\cos \varphi = \sum_{i=1}^{i=5} x_i y_i,$$

en supposant

$$\sum x^2 = 1, \qquad \sum y^2 = 1.$$

Les coordonnées s'interprètent comme les cosinus des angles de la sphère S considérée avec un système de cinq plans ou sphères deux à deux orthogonaux.

Comme pour les cercles, une substitution orthogonale fait correspondre les coordonnées d'une sphère relativement à deux systèmes différents. Elle revient à la combinaison d'un déplacement et d'une inversion.

Interprétation dans un espace à cinq dimensions. — A une sphère S nous pouvons faire correspondre une direction de droite D passant par l'origine de paramètres directeurs x_1, x_2, x_3, x_4, x_5. Inversement à une direction de droite D correspondra une sphère orientée.

Si D est une droite ordinaire on aura une sphère réelle imaginaire, ou un plan ordinaire. Si D est isotrope, une sphère point ou un plan isotrope.

A un faisceau de sphères correspondront les droites d'un 1-plan et inversement.

Si le 1-plan est O il existe deux sphères points parmi les sphères du faisceau. Si le 1-plan est $2I^2$ le faisceau est composé des sphères tangentes. Enfin si le 1-plan est I^2 le faisceau est composé de sphères points ayant leurs centres sur une droite isotrope.

La loi d'orthogonalité fait correspondre dans un espace à cinq dimensions un 1-plan à un 2-plan.

A un faisceau de sphères correspondra un réseau. Il existe trois sortes de réseaux correspondant aux 2-plans o — $3I^3$ — $2I^3$.

Familles de sphères. — Les quantités x supposées fonction d'une variable u définissent une famille de sphères (S). Si l'on interprète les quantités x comme paramètres directeurs des tangentes d'une courbe (Γ), on est conduit aux résultats suivants :

Soit M un point de Γ, S la sphère correspondant à la tangente MT.

Au 1-plan osculateur en M correspond un faisceau de sphères qui définit le cercle caractéristique C de S.

Au 2-plan osculateur en M correspond de même un réseau de

sphères. Les points I, I' communs à toutes les sphères de ce réseau sont les points de contact du cercle C avec son enveloppe.

Enfin les quantités ξ définies par les relations

$$\sum \xi x = 0, \quad \sum \xi \frac{dx}{du} = 0, \quad \sum \xi \frac{d^2 x}{du^2} = 0, \quad \sum \xi \frac{d^3 x}{du^3} = 0,$$

définissent une famille de sphères (S_1). La sphère S correspondant à M a son centre au point H de contact de I, I' avec son enveloppe.

On peut ajouter que ces quantités sont les paramètres directeurs des tangentes à une courbe Γ_1 qui correspond à Γ par orthogonalité. La correspondance est réciproque entre ces deux courbes.

Il y aura à considérer cinq espèces de familles de sphères correspondant aux courbes O, I, $3I^3$, $2I^2$, I^2.

Aux courbes isotropes correspondent des sphères points dont le centre décrit une courbe. En raisonnant comme pour les familles de cercles, on voit que les sphères correspondant à une courbe $3I^3$ sont les sphères osculatrices à une courbe.

Les sphères correspondant à une courbe $2I^2$ sont telles que leurs cercles caractéristiques soient des cercles points qui décrivent des développées de la courbe lieu du centre des sphères.

Enfin à une courbe I^2 correspondent des sphères-points dont le centre décrit une courbe isotrope.

Ces deux dernières familles de sphères se transforment par orthogonalité en des familles analogues.

Sphères dérivées et primitives. — Soit (S) la famille de sphères correspondant aux tangentes à une courbe Γ. A toute courbe Γ_1 tracée sur la développable engendrée par ces droites, correspond une famille de sphères (S_1) dérivée de la famille (S).

Inversement la famille de sphères (S) est une famille primitive de la famille de sphères (S_1).

Les propriétés générales ont été indiquées pour les familles de cercles. Signalons que le centre d'une sphère S_1 se trouve sur la tangente au centre de la sphère S, à la courbe décrite par les centres des sphères de la famille, que le cercle caractéristique de S_1 passe par les points I, I', que la droite caractéristique du plan de ce cercle passe par H.

L'étude des familles dérivées se traiterait comme dans le cas des familles de cercles. Nous nous contenterons d'indiquer les résultats.

Parmi les familles de sphères dérivées d'une famille de sphères ordinaires O, existent deux familles de sphères I, une infinité simple de familles de sphères $2I^2$, une double infinité de familles de sphères osculatrices à une courbe $3I^3$; toutes les autres familles sont ordinaires.

Une transformation par orthogonalité permettra de déterminer les familles de sphères primitives d'une famille de sphères ordinaires. Deux de ces familles sont $3I^3$, une simple infinité $2I^2$, une double infinité I, les autres familles étant ordinaires.

Nous indiquerons les propriétés des familles de sphères primitives qui sont I. Elles correspondent aux développables isotropes assemblées à la courbe Γ. Ces développables sont engendrées par les normales isotropes de cette courbe. Il en résulte que les centres de ces sphères décrivent des trajectoires orthogonales de la famille de sphères considérée.

On déduit immédiatement les propriétés suivantes :

Étant donnée une sphère C de la famille, les axes des cercles osculateurs aux différentes trajectoires orthogonales en leurs points de rencontre avec C, se trouvent dans un plan qui est le plan du cercle caractéristique correspondant à cette sphère.

Les centres des sphères osculatrices aux mêmes points se trouvent sur la droite caractéristique du plan précédent.

Application. — Nous appliquerons les méthodes précédentes à la recherche des courbes dont les sphères osculatrices coupent une sphère fixe sous un angle constant. Soient (0, 0, 0, 0, 1) les coordonnées de la sphère fixe, $(x_1, x_2, x_3, x_4, x_5)$ les coordonnées de la sphère osculatrice. Nous supposerons que l'on a

$$\sum x^2 = 1.$$

Si ω désigne la valeur constante de l'angle, on aura

$$x_5 = \cos\omega,$$

et l'on pourra prendre pour coordonnées de la sphère osculatrice les quantités

$$y_1 \sin\omega, \quad y_2 \sin\omega, \quad y_3 \sin\omega, \quad y_4 \sin\omega, \quad \cos\omega,$$

en supposant

$$\sum y^2 = 1.$$

Dans ces conditions les quantités y sont les cosinus directeurs des tangentes d'une courbe dans un espace d'ordre 4, et si l'on introduit les cosinus directeurs des arêtes du 4-èdre de Serret attaché à la courbe, on a

$$\frac{dy}{du} = z, \qquad \frac{dz}{du} = -y + a\xi, \qquad \frac{d\xi}{du} = -az + b\eta, \qquad \frac{d\eta}{du} = -b\xi.$$

Nous exprimerons maintenant que la famille de sphères considérées est 31[3]. Il faut pour cela qu'il soit possible de déterminer deux fonctions $\theta_1(u)$, $\theta_2(u)$ telles qu'elles vérifient les relations

$$\begin{aligned} \cos^2\omega + \sin^2\omega \sum y^2 &= 1 = \theta_1^2 + \theta_2^2, \\ \sin^2\omega \sum y'^2 &= \theta_1'^2 + \theta_2'^2, \\ \sin^2\omega \sum y''^2 &= \theta_1''^2 + \theta_2''^2. \end{aligned}$$

En tenant compte des relations indiquées, on obtient

$$\begin{aligned} &\theta_1^2 + \theta_2^2 = 1, \\ &\theta_1'^2 + \theta_2'^2 = \sin^2\omega, \\ &\theta_1''^2 + \theta_2''^2 = \sin^2\omega(1 + a^2). \end{aligned}$$

La première relation conduit à poser

$$\theta_1 = \cos\varphi, \qquad \theta_2 = \sin^2\varphi.$$

La deuxième donne

$$\left(\frac{d\varphi}{du}\right)^2 = \sin^2\omega.$$

On peut prendre

$$\varphi = u\sin\omega.$$

La dernière relation donnera

$$a^2 = -\cos^2\omega,$$

a est constant et égal à $\pm i\cos\omega$.

Pour déterminer les sphères, on est ainsi amené à prendre pour b

une fonction arbitraire et à déterminer le 4-èdre de Serret considéré connaissant les courbures.

Dans le cas où la sphère osculatrice est tangente à une sphère fixe, on doit avoir

$$y_1^2+y_2^2+y_3^2+y_4^2=0.$$

Les égalités considérées sont remplacées par les égalités suivantes :

$$\begin{aligned} y_1^2+y_2^2+y_3^2+y_4^2 &= \theta_1^2+\theta_2^2-1=0,\\ y_1'^2+y_2'^2+y_3'^2+y_4'^2 &= \theta_1'^2+\theta_2'^2,\\ y_1''^2+y_2''^2+y_3''^2+y_4''^2 &= \theta_1''^2+\theta_2''^2. \end{aligned}$$

Prenons $\theta_3=i$, on peut écrire

$$\sum_{i=1}^{i=4} y_i^2 = \theta_1^2+\theta_2^2+\theta_3^2=0,$$

$$\sum_{i=1}^{i=4} y_i'^2 = \theta_1'^2+\theta_2'^2+\theta_3'^2,$$

$$\sum_{i=1}^{i=4} y_i''^2 = \theta_1''^2+\theta_2''^2+\theta_3''^2.$$

Supposons déterminée une courbe isotrope dans un espace d'ordre 4, soient

$$\Delta_0=0,\qquad \Delta_1=0,\qquad \Delta_2\neq 0,\qquad \Delta_3\neq 0$$

les déterminants qui lui correspondent. On pourra, puisque $\Delta_2\neq 0$, déterminer les quantités θ. Le calcul peut être fait en posant

$$\theta_1=\rho\cos\varphi,\qquad \theta_2=\rho\sin\varphi,\qquad \theta_3=i\rho;$$

deux relations différentielles détermineront ρ et φ.

Une solution étant définie on pourra en définir une double infinité d'autres en effectuant sur les quantités θ, θ', θ'', une substitution orthogonale.

Les fonctions y_1, y_2, y_3, y_4, $i\theta$ définiront les coordonnées d'une des sphères osculatrices demandées.

On peut remarquer en outre que les quantités y_1, y_2, y_3, y_4, O sont les coordonnées d'une sphère-point qui fait partie du faisceau déterminé par la sphère osculatrice et la sphère fixe considérées. Elles définissent donc le point de contact de ces sphères.

Comme la courbe isotrope peut être choisie arbitrairement, il en résulte que la courbe de contact de la sphère osculatrice et de la sphère fixe peut être choisie de façon arbitraire.

CHAPITRE VIII.

SYSTÈMES DE COMPLEXES.

Une droite peut être déterminée par six nombres X_1, X_2, X_3, L_1, L_2, L_3 appelés coordonnées pluckériennes, ces nombres étant liés par la relation

$$L_1 X_1 + L_2 X_2 + L_3 X_3 = 0.$$

On définit les coordonnées symétriques de Klein en posant

$$X_1 = x_1 + i x_2, \qquad X_2 = x_3 + i x_4, \qquad X_3 = x_5 + i x_6,$$
$$L_1 = x_1 - i x_2, \qquad L_2 = x_3 - i x_4, \qquad L_2 = x_5 - i x_6;$$

les quantités x nouvelles sont liées par la relation

$$\sum_{i=1}^{i=6} x_i^2 = 0.$$

Deux droites définies par les quantités x, y se rencontrent si l'on a

$$\sum_{i=1}^{i=6} x_i y_i = 0.$$

Les droites définies par les coordonnées

$$\lambda x_i + \mu y_i$$

passent par le point de concours des droites précédentes et forment une gerbe.

Un complexe linéaire est défini par l'ensemble des droites dont les coordonnées vérifient une relation de la forme

$$\sum a_i x_i = 0,$$

les quantités a_i étant des constantes.

Si l'on a $\sum a_i^2 \neq 0$ on a un complexe général; si au contraire

$\sum a_i^2 = 0$, on a un complexe spécial formé par l'ensemble des droites qui rencontrent une droite fixe.

On pourra faire correspondre à un complexe linéaire une direction de droites définies par les six paramètres a dans un espace d'ordre 6. Si le complexe est général la droite est ordinaire, si le complexe est spécial la droite est isotrope.

Aux droites du complexe correspondent les directions isotropes du 5-èdre orthogonal à la direction considérée.

Congruence linéaire. — L'ensemble des droites qui appartiennent aux complexes correspondant aux directions A, B définies par les douze quantités a, b, forment une congruence linéaire.

Une droite quelconque de l'ensemble appartient à tous les complexes correspondant aux valeurs $a + \lambda b$ qui définissent les directions d'un 1-plan passant par l'origine.

Les complexes ainsi définis forment un faisceau linéaire. Les complexes spéciaux du faisceau correspondent aux directions isotropes du 1-plan. Les droites de la congruence aux directions isotropes du 3-plan orthogonal.

Différents cas sont à envisager :

I. Le 1-plan est ordinaire, il contient deux directions isotropes qui définissent deux complexes singuliers du faisceau. Les droites de la congruence correspondent aux directions isotropes du 3-plan orthogonal qui est ordinaire. Elles rencontrent deux droites fixes, axes des complexes singuliers.

II. Le 1-plan est $2I^2$, il contient alors une seule direction isotrope, les droites ordinaires du plan ayant une direction perpendiculaire. Il existe donc un seul complexe spécial dans le faisceau. L'axe central d'un complexe rencontre alors l'axe du complexe singulier. Les droites de la congruence rencontrent elles aussi cet axe. Celles qui passent par un de ses points A sont dans un plan P. Il y a correspondance homographique entre A et P.

III. Le 1-plan est I^2. Tous les complexes du faisceau sont singuliers. Les axes de ces complexes forment une gerbe de droites. Les droites de la congruence comprennent d'une part l'ensemble des droites situées dans le plan de la gerbe, d'autre part l'ensemble des droites passant par le sommet de la gerbe.

Réseau de complexes. — Étant donnés trois complexes A, B, C définis par les directions de paramètres a, b, c, ces trois complexes n'appartenant pas à un même faisceau, les complexes correspondant aux directions $\lambda a + \mu b + \nu c$ forment un réseau. A un réseau de complexes correspond l'ensemble des directions d'un 2-plan.

Aux axes des complexes singuliers du réseau correspondent les droites isotropes du 2-plan. Aux droites appartenant à tous les complexes du réseau correspondent les droites isotropes du 2-plan orthogonal.

Quand le 2-plan est ordinaire, les axes des complexes singuliers et les droites appartenant à tous les complexes forment deux séries simplement infinies de droites. Toute droite de l'une des séries rencontrant toute droite de l'autre série, les deux systèmes de droites sont les deux systèmes de génératrices d'une quadrique.

Lorsque le 2-plan est $3I^3$ les directions isotropes se partagent en deux séries correspondant à deux 1-plan I^2. Les axes des complexes spéciaux forment alors deux gerbes de droites. Ces deux gerbes ayant une droite commune, les droites communes aux complexes du réseau forment deux autres gerbes qui se déduisent des premières en échangeant les sommets ou les plans.

A un 2-plan $2I^3$ correspond un réseau de complexes pour lesquels les axes des complexes singuliers et les droites appartenant à tous les complexes forment une même gerbe.

Enfin les directions d'un 2-plan I^3 étant toutes isotropes, tous les complexes du réseau sont singuliers; leurs axes se rencontrant deux à deux sont situés dans un même plan où passent par un même point. Il en est de même des droites appartenant à tous les complexes.

Familles de complexes. — Lorsque les six quantités a sont fonctions d'un paramètre u, elles définissent une famille simplement infinie de complexes linéaires.

Si l'on choisit une valeur déterminée de u, la congruence de droites déterminée par les complexes linéaires A, A′ correspondant aux valeurs a et $\frac{da}{du}$, comprendra l'ensemble des droites communes au complexe A et au complexe infiniment voisin. Nous appellerons cette congruence, congruence caractéristique du complexe. Lorsque u variera, cette congruence engendrera un complexe enveloppe du complexe primitif.

Soit P un point de l'espace, π son plan polaire par rapport au complexe A. Lorsque l'on fera varier le paramètre u, le plan π enveloppera un cône dont les génératrices appartiendront au complexe enveloppe.

De même si π est un plan fixe, P son pôle par rapport au complexe A, lorsque u varie les tangentes à la courbe lieu de P appartiennent au complexe enveloppe.

Les droites communes aux complexes linéaires définis par les valeurs $a, \frac{da}{du}, \frac{d^2a}{du^2}$, sont les génératrices d'un même système d'une quadrique. Elles engendrent lorsque u varie une congruence enveloppe des congruences caractéristiques.

Il existe en général deux droites communes aux quatre complexes qui correspondent aux valeurs $a, \frac{da}{du}, \frac{d^2a}{du^2}, \frac{d^3a}{du^3}$. Ces droites engendrent des surfaces réglées enveloppes des quadriques précédentes.

Interprétation géométrique dans un espace d'ordre 6. — Les quantités a peuvent être interprétées comme les paramètres directeurs des tangentes à une courbe C située dans un espace d'ordre 6. Nous étudierons les diverses familles de complexes qui correspondent à des courbes d'espèces différentes.

I. La courbe C est ordinaire. Soient $x, y, z, \zeta, \eta, \xi$ les cosinus directeurs des arêtes du 6-èdre de Serret attaché à la courbe.

Au 1-plan osculateur correspond une congruence linéaire formée par les droites qui rencontrent deux droites fixes D_1, D_2 définies par les quantités $x \pm iy$. Lorsque u varie, ces deux droites engendrent deux surfaces réglées R_1, R_2 qui se correspondent génératrice par génératrice.

Désignons par D'_1, D'_2 deux génératrices de ces surfaces infiniment voisines de D_1, D_2. Ces droites forment avec D_1, D_2 un système de quatre génératrices d'un même système d'un quadrique Q.

Il en résulte que si le plan tangent à la surface R_1 en un point A_1

de D_1 rencontre D_2 en un point A_2, réciproquement le plan tangent au point A_2 à la surface R_2 passe par A_1.

Considérons maintenant l'ensemble des droites que forment les génératrices du deuxième système de la quadrique Q. Lorsque u varie, ces droites engendrent une congruence. Les surfaces focales sont les surfaces R_1, R_2.

Lorsque l'un des foyers A_1 se déplace sur une droite D_1, le second foyer A_2 se déplace sur la droite D_2 correspondante. Une série d'asymptotiques de l'une des surfaces focales correspond à une série d'asymptotiques de l'autre. Il en résulte que la congruence considérée est une congruence de Weingarten.

Une quadrique Q touche son enveloppe suivant deux génératrices Δ_1, Δ_2 qui correspondent aux quantités $\xi \pm i\eta$. Ces droites sont communes aux quatre complexes linéaires x, y, z, ζ. Elles définissent une congruence linéaire correspondant au 1-plan osculateur d'une courbe Γ qui se déduit de C par orthogonalité. Il en résulte que de toute congruence W dont les surfaces focales sont des surfaces réglées, on peut déduire une deuxième congruence jouissant des mêmes propriétés.

Remarquons encore que si l'on se donne une surface réglée R_1, la détermination des congruences W qui admettent cette surface comme surface focale peut être faite sans intégration.

Nous chercherons pour cela à déterminer la courbe C qui caractérise la famille de complexes. Les six coordonnées des génératrices de la surface réglée sont les paramètres directeurs des tangentes à une courbe isotrope C_1, tracée sur la développable engendrée par les tangentes à la courbe C. Le problème est ainsi ramené à la recherche des développables assemblées à une courbe Γ définie par les paramètres directeurs de ses tangentes. La méthode générale a été indiquée au Chapitre II.

II. La courbe C est I. Tous les complexes de la famille sont singuliers. Donnons-nous une valeur particulière de u. Les six valeurs a qui lui correspondent définissent une droite D qui engendre, lorsque u varie, une surface réglée R.

L'ensemble des droites qui forment la congruence caractéristique est l'ensemble des droites tangentes à la surface R aux différents points de la génératrice D.

Le 2-plan osculateur étant ordinaire, la quadrique caractéristique est une véritable quadrique qui contient D. Les génératrices de cette quadrique de système différent de D sont les tangentes aux lignes asymptotiques.

Le 3-plan osculateur est aussi ordinaire. Il en résulte qu'il existe deux droites Δ_1, Δ_2 communes aux complexes correspondant aux valeurs $a, \frac{da}{du}, \frac{d^2 a}{du^2}, \frac{d^3 a}{du^3}$. Ces droites rencontrent D en deux points I_1, I_2 qui décrivent, lorsque u varie, deux courbes appelées lignes flecnodales de la surface R. Les tangentes à ces courbes ont avec la surface un contact du quatrième ordre.

III. Une transformation par orthogonalité fait correspondre à une courbe I une courbe $4 I^1$. Soit Γ la courbe qui correspond à la courbe C. Les paramètres directeurs de ces tangentes sont les quantités y définies par les égalités

$$\sum ya = 0, \quad \sum \frac{da}{du} y = 0, \quad \sum \frac{d^2 a}{du^2} y = 0,$$
$$\sum \frac{d^3 a}{du^3} y = 0, \quad \sum \frac{d^4 a}{du^4} y = 0.$$

Les droites qui rencontrent Δ_1, Δ_2 forment la congruence caractéristique de la famille de complexes ainsi définies.

La quadrique caractéristique de cette congruence est la même que dans les cas précédents. Les droites appartenant aux complexes $y, \frac{dy}{du}, \frac{d^2 y}{du^2}$ étant les génératrices de cette quadrique de même système que D.

Il en résulte que la congruence définie par les droites communes aux quatre complexes $y, \frac{dy}{du}, \frac{d^2 y}{du^2}, \frac{d^3 y}{du^3}$ est singulière. Les deux droites directrices de la congruence sont confondues.

IV. Il peut arriver dans un espace d'ordre 6 qu'une courbe C soit en même temps I et $4 I^4$. Elle se transforme alors par orthogonalité en une courbe analogue.

En rapprochant les résultats indiqués plus haut, on est conduit aux conclusions suivantes :

La surface réglée R engendrée par la droite D a ses lignes flecnodales confondues.

Soit Δ la position commune des droites Δ_1, Δ_2. En raison de la réciprocité des courbes C, Γ, la droite Δ engendre, lorsque u varie, une surface réglée (ρ) qui, elle aussi, a ses lignes flecnodales confondues, et si l'on désigne par I le point de rencontre de D et de Δ, la courbe lieu de I est la ligne flecnodale double commune aux deux surfaces.

D'autre part les quadriques osculatrices aux surfaces R, ρ le long des droites D et Δ sont les mêmes.

V. Envisageons maintenant le cas où la courbe C est $2\,\mathrm{I}^2$. En conservant les notations précédentes, on peut choisir le paramètre variable u de telle manière que les quantités a vérifient les relations

$$\sum a^2 = 1,$$
$$\sum \left(\frac{da}{du}\right)^2 = 0.$$

Une valeur u étant fixée, le complexe correspondant aux valeurs a est ordinaire. La congruence caractéristique est singulière. Le 1-plan osculateur à la courbe est $2\,\mathrm{I}^2$.

Soit D la directrice double. Lorsque u varie, cette droite engendre une surface réglée R. Si l'on désigne par A un point de D, les droites de la congruence sont dans un plan P passant par A. Le plan P n'est pas tangent à la surface R. Il y a correspondance homographique entre le point A et le plan P.

Le 2-plan osculateur à la courbe est singulier. La quadrique caractéristique dégénère en deux plans. Elle est formée de l'ensemble des droites communes aux deux congruences linéaires

$$(\mathrm{I}) \quad \begin{cases} \sum a x = 0, \\ \sum \dfrac{da}{du} x = 0, \end{cases} \qquad (\mathrm{II}) \quad \begin{cases} \sum \dfrac{da}{du} x = 0, \\ \sum \dfrac{d^2a}{du^2} x = 0. \end{cases}$$

Les droites de la deuxième congruence qui passent par un point A de D sont situées dans le plan tangent à la surface R en ce point.

Il en résulte que les droites communes aux deux congruences considérées passent par deux points I et J de D tels que le plan tangent à la surface R en ces points coïncide avec leur plan polaire par rapport au complexe A. Les droites considérées forment deux gerbes de sommets I et J.

La quadrique caractéristique touche son enveloppe suivant deux droites Δ_1, Δ_2 qui passent par I et J et qui sont, d'après l'étude faite pour les courbes simplement isotropes, les tangentes aux lignes asymptotiques de la surface R passant par ces points.

VI. La courbe Γ qui correspond par orthogonalité à C est $3I^3$. Les propriétés des familles de complexes correspondant à ces courbes se déduisent immédiatement.

Les droites Δ_1, Δ_2 sont les directrices de la congruence caractéristique.

La quadrique caractéristique dégénère en deux plans qui sont les plans des deux gerbes de droites considérées plus haut. Elle touche son enveloppe suivant une droite double qui est la droite D.

VII. Lorsque la courbe C est I^2, les paramètres a vérifient les relations

$$\sum a^2 = 0, \qquad \sum a'^2 = 0.$$

Soit D la droite dont les coordonnées sont a. Elle engendre, lorsque u varie, une surface développable. Soit M le point de contact de D et de l'arête de rebroussement (C). La congruence caractéristique est formée de l'ensemble des droites qui passent par M ou qui sont situées dans le plan osculateur en M à la courbe (C). La quadrique caractéristique se réduit à la gerbe double de sommet M située dans le plan osculateur. La droite double D engendre l'enveloppe de ces quadriques.

On déduit par orthogonalité l'étude des familles de complexes qui correspondent à une courbe $2I^3$, qui sont caractérisés par le fait qu'à chacun d'eux correspond cinq génératrices infiniment voisines d'une développable.

BIBLIOGRAPHIE.

BOREL (E.). — Sur l'équation adjointe et sur certains systèmes d'équations différentielles (*Annales de l'École Normale supérieure*, 1892).

DARBOUX (G.). — Leçons sur la théorie générale des surfaces :
Tome I : Théorie des courbes gauches, Coordonnées pentasphériques;
Tome II : Équation adjointe de Lagrange.

— Leçons sur les systèmes orthogonaux et les coordonnées curvilignes (*Note*).

GAMBIER (B.). — Réseaux de translation applicables (*Nouvelles Annales*, 1920).

GINO FANO. — Ueber lineare homogene differentialgleichungen mit algebraischen. Relationen zwischen den Fundamentallösungen (*Math. Annalen*).

GOURSAT (E.). — Sur un problème relatif à la déformation des surfaces (*American Journal of Mathematic*, vol. XIV).

GUICHARD (C.). — Sur les propriétés métriques des courbes dans un espace d'ordre quelconque (*Bulletin des Sciences mathématiques*, 1911).

— Sur les réseaux C tels que les lignes de courbure de l'une des séries soient planes (*Comptes rendus*, 1911).

— Sur certains systèmes triples orthogonaux qui se déduisent de courbes isotropes (*Comptes rendus*, 1911).

— Sur les systèmes orthogonaux et les systèmes cycliques (*Annales de l'École Normale supérieure*, 1903).

JORDAN. — Essai sur la géométrie à n dimensions.

KOENIGS (G.). — Sur les propriétés infinitésimales de l'espace réglé.

— La géométrie réglée et ses applications.

SEGRE. — Sulle congruenze rettilinee W di cui una od ambe le folde focale sono rigati (*Atti della R. Accademia delle Scienze di Torino*, 1914).

VESSIOT (E.). — Contribution à la géométrie conforme. Cercles et surfaces cerclées (*Journal de Mathématiques pures et appliquées*, 9e série, t. II, 1923, p. 99-165).

— Contribution à la géométrie conforme. Enveloppes de sphères et courbes gauches (*Journal de l'École Polytechnique*, 2e série, 25e cahier).

VOSS. — Zur Theorie der windschiefen Flächen (*Math. Annalen*).

WILCZINSKI. — Projective Differential Geometry of curves and ruled surfaces.

TZITZEICA (G.). — Sur certaines courbes gauches (*Annales de l'École Normale supérieure*, 1911).

— Géométrie différentielle et projective des réseaux (Bucarest, 1924). (*Rendiconti del Circolo mathematico di Palermo*, 1900).

TABLE DES MATIÈRES.

73184-28. Paris. — Imprimerie Gauthier-Villars et Cie, 55, quai des Grands-Augustins.

www.ingramcontent.com/pod-product-compliance
Ingram Content Group UK Ltd.
Pitfield, Milton Keynes, MK11 3LW, UK
UKHW022127260726
13993UKWH00003B/1284